ゼロからはじめる

ドコモ アプリ・サービス 活用ガイド

改訂2版

リンクアップ 著

技術評論社

CONTENTS

Chapter 1 ドコモサービスの基本

Section 01 ドコモのサービスとアプリ …… 8
Section 02 dアカウントでドコモのサービスを利用する …… 10
Section 03 dポイントでお得に利用する …… 12
Section 04 Androidでdアカウントを取得する …… 14
Section 05 iPhoneでdアカウントを取得する …… 16
Section 06 spモードパスワードを設定する …… 22
Section 07 ドコモクラウドでできること …… 23
Section 08 My docomoで料金を調べる …… 24
Section 09 お客様サポートを利用する …… 26
Section 10 ドコモ払いを利用する …… 30

Chapter 2 電話やメールのサービスを活用する

Section 11 ドコモ電話帳をクラウドで利用する …… 34
Section 12 ビデオコールで相手の顔を見て話す …… 36
Section 13 ドコモの留守番電話サービスを利用する …… 38
Section 14 迷惑電話ストップサービスを利用する …… 42
Section 15 呼び出し音が音楽になるメロディコールを利用する …… 46
Section 16 海外でドコモのスマホを利用する …… 48
Section 17 ドコモメールを設定する …… 52
Section 18 ドコモメールのアドレスを変更する …… 54
Section 19 「ドコモメール」アプリを使いやすくカスタマイズする …… 58
Section 20 「ドコモメール」アプリの背景などをきせかえる …… 60

Section 21 テンプレートやデコメのメールを送る …… 62
Section 22 迷惑メールをブロックする …… 64
Section 23 ドコモメールをパソコンから利用する …… 68
Section 24 メッセージS、Rを利用する …… 72

Chapter 3
便利なドコモのアプリを活用する

Section 25 ドコモのアプリをアップデートする …… 74
Section 26 アプリをインストールする …… 76
Section 27 アプリをアンインストールする …… 78
Section 28 スケジュールで予定を管理する …… 80
Section 29 dフォトで写真を管理・プリントする …… 82
Section 30 マイマガジンでニュースをまとめて読む …… 84
Section 31 my daizを利用する …… 86
Section 32 翻訳アプリを利用する …… 90
Section 33 イマドコかんたんサーチで友だちを探す …… 92
Section 34 ドコモ地図ナビを利用する …… 96
Section 35 データ保管BOXにバックアップする …… 100

Chapter 4
コンテンツサービスを利用する

Section 36 ドコモのコンテンツサービスとは …… 106
Section 37 dマーケットを利用する …… 108
Section 38 dメニューで天気や情報を調べる …… 110

CONTENTS

Section 39 dTVで国内外の映画やドラマを楽しむ ……… 114
Section 40 DAZN for docomoでスポーツを楽しむ ……… 116
Section 41 dアニメストアで懐かしい作品から最新作まで楽しむ ……… 118
Section 42 dマガジンで雑誌の読み放題を利用する ……… 120
Section 43 dミールキットで食材を配達してもらう ……… 124
Section 44 スゴ得コンテンツでアプリを利用する ……… 126

Chapter 5
ドコモのキャッシュレス決済を利用する

Section 45 スマホで利用できるキャッシュレスサービス ……… 128
Section 46 ドコモが提供するキャッシュレスサービス ……… 130
Section 47 dカードならよりお得に使える ……… 132
Section 48 d払いとは ……… 134
Section 49 d払いの特徴を確認して賢く使う ……… 136
Section 50 d払いの利用を開始する ……… 138
Section 51 d払いの画面の見方を確認する ……… 140
Section 52 d払いの支払い方法を変更する ……… 142
Section 53 d払いにチャージする ……… 144
Section 54 d払いをお店で利用する ……… 146
Section 55 iDとは ……… 148
Section 56 iDの特徴を確認して賢く使う ……… 150
Section 57 iDにクレジットカードを登録する ……… 152
Section 58 iDをお店で利用する ……… 154

Chapter 6
ドコモのサポートサービスを利用する

Section 59 ドコモが提供するサービスパック …… 156
Section 60 あんしんセキュリティを利用する …… 158
Section 61 ドコモ60歳からのスマホプログラムを利用する …… 160
Section 62 アクセス制限サービスを利用する …… 162
Section 63 緊急速報「エリアメール」を利用する …… 164
Section 64 紛失したスマホの場所を調べる …… 166
Section 65 紛失したスマホをロックする …… 168
Section 66 ケータイ補償サービスを利用する …… 170
Section 67 ケータイデータ復旧サービスを利用する …… 172
Section 68 ドコモサービスを利用してiPhoneとAndroidのデータを移行する …… 174

Chapter 7
アプリやサービス利用で知っておきたいスマホの設定

Section 69 標準のアプリを変更する …… 180
Section 70 アプリの権限を変更する …… 182
Section 71 位置情報の利用を管理する …… 184
Section 72 d Wi-Fiを利用する …… 186
Section 73 Wi-Fiテザリングを利用する …… 188

ご注意：ご購入・ご利用の前に必ずお読みください

●本書に記載した内容は、情報の提供のみを目的としています。したがって、本書を用いた運用は、必ずお客様自身の責任と判断によって行ってください。これらの情報の運用の結果について、技術評論社および著者、アプリの開発者はいかなる責任も負いません。

●ソフトウェアに関する記述は、特に断りのない限り、2020年11月現在での最新バージョンをもとにしています。ソフトウェアはバージョンアップされる場合があり、本書での説明とは機能内容や画面図などが異なってしまうこともあり得ます。あらかじめご了承ください。

●本書は以下の環境で動作を確認しています。ご利用時には、一部内容が異なることがあります。あらかじめご了承ください。なお、本書内の操作表記（スワイプなど）は、Xperia XZの表記にしています。
iOS端末：iPhone XR（iOS 14.2 ）
Android端末 ： Xperia SO-41A（Android 10）、Xperia SO-01M（Android 10）、
Xperia SO-03L（Android 10）
パソコンのOS ： Windows 10

●インターネットの情報については、URLや画面などが変更されている可能性があります。ご注意ください。

以上の注意事項をご承諾いただいたうえで、本書をご利用願います。これらの注意事項をお読みいただかずに、お問い合わせいただいても、技術評論社は対処しかねます。あらかじめ、ご承知おきください。

Chapter 1

ドコモサービスの基本

Section 01 ドコモのサービスとアプリ
Section 02 dアカウントでドコモのサービスを利用する
Section 03 dポイントでお得に利用する
Section 04 Androidでdアカウントを取得する
Section 05 iPhoneでdアカウントを取得する
Section 06 spモードパスワードを設定する
Section 07 ドコモクラウドでできること
Section 08 My docomoで料金を調べる
Section 09 お客様サポートを利用する
Section 10 ドコモ払いを利用する

ドコモのサービスとアプリ

Application

NTTドコモでは、楽しいサービスや便利な機能、さまざまなアプリなどを提供しています。目的や使い方に合わせて、ドコモのサービスやアプリを活用してみましょう。

ドコモのサービス

●ドコモクラウド

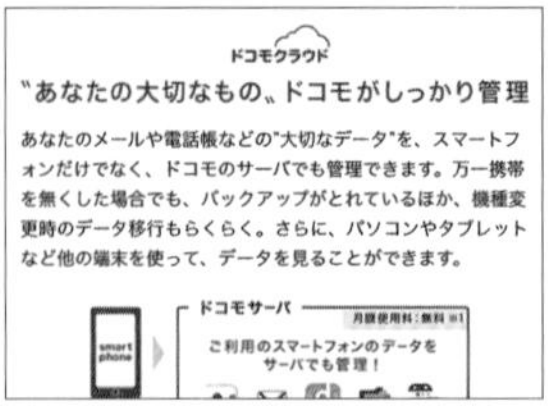
ドコモクラウド
"あなたの大切なもの"ドコモがしっかり管理
あなたのメールや電話帳などの"大切なデータ"を、スマートフォンだけでなく、ドコモのサーバでも管理できます。万一携帯を無くした場合でも、バックアップがとれているほか、機種変更時のデータ移行もらくらく。さらに、パソコンやタブレットなど他の端末を使って、データを見ることができます。
ドコモサーバ
月額使用料：無料 ※1
smart phone
ご利用のスマートフォンのデータをサーバでも管理！

ドコモクラウドを有効にすると、ドコモのメールや電話帳を複数の端末から利用できるようになるほか、データの移行やバックアップが可能になります（Sec.07参照）。

●dマーケット

サービスを探す
設定
ショッピング
ファッション
ミュージック
ショッピング
ゲーム
デリバリー
ブック
ファッション
トラベル
ミュージック
ジョブ
もっと見る

音楽やゲーム、ショッピングや旅行など、便利で楽しいさまざまなコンテンツが提供されています。ドコモ払いも可能です（Sec.10参照）。

●d Wi-Fi

無料
dポイントクラブ会員※1なら、どなたでも無料でご利用になれる公衆Wi-Fiサービスです。
カフェ、コンビニ、ファストフードなどで、スマートフォンだ

dポイントクラブ会員であれば誰でも無料で利用可能な公衆Wi-Fiサービスです。

●キャッシュレス決済

d払い
menu
d払い
d払いで
最大2,000円分
はじめてなら全員に

「d払い」や「iD」、「dカード」はライフスタイルに合わせて選べるドコモのキャッシュレスサービスです。

ドコモのアプリ

ドコモには、生活やエンターテインメントに役立つアプリが多く用意されています。自分に合ったアプリを探してみましょう。ここでは、一部のアプリを紹介します。なお、別途契約や月額使用料が必要になるアプリもあるので、事前に確認しておきましょう。

アイコン	アプリ名	サービス内容
	iコンシェル	現在地に応じて必要な情報を知らせてくれるほか、天気や交通、店舗など、生活をサポートしてくれる情報を提供してくれます。
	iチャネル	多彩なジャンルの最新情報をチェックできます。写真や動画付きのコンテンツも充実しています。
	災害用キット	「災害用音声お届けサービス」や「災害用伝言版」、緊急速報「エリアメール」を利用するためのアプリです。
	あんしんセキュリティ	危険なサイトやアプリ、ウイルスなどからスマートフォンを守るセキュリティ対策アプリです。
	my daiz	さまざまな問いかけに対話で応え、天気や電車の遅延情報などの知りたい情報をお知らせしてくれます。
	dフォト	大切な写真や動画をクラウドにまとめて保存できるサービスです。プリントサービス機能では、フォトブックを作成することも可能です。
	ドコモ海外利用	海外パケット定額サービス「パケットパック海外オプション」の利用をサポートしてくれる便利なアプリです。
	ドコモデータコピー	連絡先や画像、音楽などを一括でスピーディーに移行してくれるアプリです。機種変更時に役立ちます。
	ドコモ地図ナビ	近くでお店を探したいときや、旅行の計画を立てるときなどに、おでかけをトータルサポートしてくれます。
	ドコモメール	ドコモのメール（@docomo.ne.jp）が使えるメールアプリです。iPhoneは標準搭載されているメールアプリからドコモのメールが利用可能です。
	メディアプレイヤー	配信サイトからダウンロードした音楽や動画コンテンツを再生することができるアプリです（iPhone非対応）。

Section 02 Android iPhone

dアカウントでドコモのサービスを利用する

dアカウントを設定すると、NTTドコモが提供するさまざまなサービスをインターネット経由で利用できるようになります。なお、dポイントのため方や使い道については、Sec.03で解説します。

dアカウントとは

dアカウントとは、NTTドコモが提供しているさまざまなサービスを利用するためのIDです。発行することで「dマーケット」などのドコモの各種サービスを利用できるようになります。なお、ドコモのサービスを利用しようとすると、いくつかのパスワードを求められる場合があります。このうち、spモードパスワードは「My docomo」で確認や再発行ができますが、「ネットワーク暗証番号」はインターネット上で確認や再発行を行うことができないので、契約書類を紛失しないように気を付けましょう。さらに、spモードパスワードを初期値（0000）のまま使っていると、変更をうながす画面が表示されることがあります。

ドコモのサービスで利用するID ／パスワード	
ネットワーク暗証番号	My docomoや、各種電話サービスを利用する際に必要です。
dアカウント／パスワード	Wi-Fi接続時やパソコンのブラウザ経由で、ドコモのサービスを利用する際に必要です。dアカウントは、ドコモのユーザー以外も登録可能です。
spモードパスワード	ドコモメールの設定などに必要です。初期値は「0000」ですが、変更が必要です（Sec.06参照）。

MEMO セキュリティのための機能

dアカウントを安心して利用できるよう、いくつかのセキュリティ機能があります。「パスワード無効化設定」ではオンラインや遠隔からの不正アクセスを防止します。「2段階認証」ではセキュリティコードの入力を設定し、自分以外のアクセスを防止します。「ログイン通知メール」では普段利用しない環境からログインがあった場合に、ログインがあった旨のメールが送信されます。「緊急アカウントロック」では万が一アカウントが乗っ取られてしまった場合に、自分でアカウント利用を停止できます。

dアカウントでできること

●dマーケット

旅行の予約ができる「dトラベル」や、お買い物ができる「dショッピング」、幅広いジャンルの電子書籍を楽しめる「dブック」など、ドコモ内のさまざまなサービスを利用することができます。ドコモ以外のユーザーでも利用できるので便利です。

●dポイント

dポイントは、街のお店での買い物やネットショッピングでためたり、使ったりすることができるポイントサービスです。dアカウントがあれば、ドコモ以外のユーザーでもdポイントを利用できます。さまざまなサービスを使えば使うほど、どんどんポイントがたまり、幅広い利用サービスでお得になります。

●My docomo

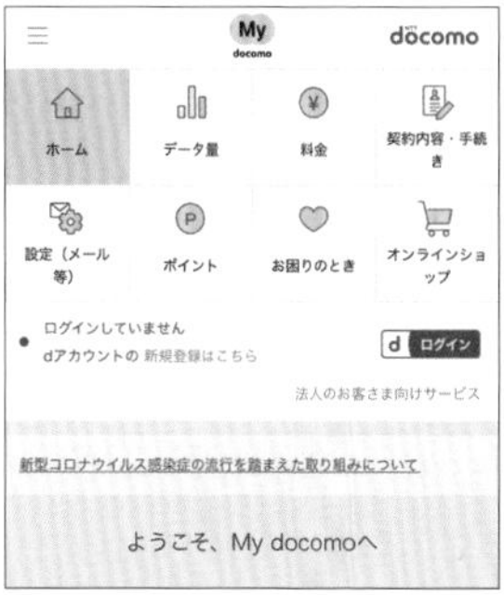

ドコモのユーザーであれば、契約内容の変更や各種サービスの申し込みなどの手続きがMy docomoからかんたんに行えるので便利です。

Section 03 Android iPhone

dポイントで お得に利用する

dポイントとは、NTTドコモが提供するポイントサービスです。dアカウントがあれば、ドコモユーザー以外でも、dポイントを利用することができます。

dポイントのため方

●街のお店でためる

ローソンやマクドナルド、高島屋といった百貨店など加盟店でのお買い物でdポイントがたまります。dポイントがたまるお店は拡大してきているため、チェックしておきましょう。

●ネットショッピングでためる

dポイントに対応した加盟店でのネットショッピングでdポイントがたまります。

●d払い／dカード／dカード mini（iD）決済でためる

d払い／dカード／dカードGOLD／dカードmini（iD）のお支払いでdポイントがたまります。

●ポイントの交換でためる

JALのマイルとdポイントは相互交換が可能です。また、ポイントをdポイントに交換することができる銀行やお店があります。

●コンテンツでためる

dポイントクラブの公式サイトにあるかんたんなアンケートやゲームなどを利用することでdポイントがたまります。

●キャンペーンでためる

dポイントクラブの公式サイトにある高額ポイントが当たるキャンペーンや商品購入による付与ポイントが倍になるキャンペーンに参加することでdポイントがたまります。

dポイントの使い道

●街のお店で使う

ローソンやマクドナルドなど、dポイント加盟店での支払いに利用することができます。

●ネットショッピングで使う

d払い対応のネットショッピングサイトでの支払いに利用することができます。

●ケータイ料金の支払いに使う

毎月のドコモのケータイ料金の支払いに利用することができます。1ポイント単位で利用が可能です（なお、dポイントクラブ会員かつドコモの回線を契約している人が対象です）。

●dマーケットで使う

dTVの有料コンテンツ、dショッピングやdブック、dデリバリーなど、dマーケットでのコンテンツ購入やショッピングにdポイントを利用することができます（dデリバリーは、お届け先のエリアによって、dポイントを利用できない店舗があります）。

●ドコモ商品に使う

スマートフォンなどの携帯電話機、スマートフォンアクセサリーやオプション品の購入にdポイントを利用することができます。

●データ量の追加に使う

「スピードモード」および「1GB追加オプション」にdポイントを利用することができます。

MEMO dポイントクラブ

dポイントをためたり、使ったりするためには入会費と年会費が無料の「dポイントクラブ」に入会する必要があります。個人名義のドコモユーザーなら、だれでも入会可能です。ドコモユーザー以外は「dアカウント」の発行で入会できます。「dポイントクラブ」アプリもあわせて利用し、うれしい特典やお得な情報を確認しましょう。

d POINT CLUB
この時間帯は、眠くなるよね〜
お昼食べて、昼寝すれば、最高やん！
dポイント合計
260P
期間・用途限定
0P

Androidでdアカウントを取得する

dアカウントは、ドコモが提供するスマートフォンやパソコン向け各種サービスと、dアカウントログインに対応したサイトを利用する際に必要なIDです。

Androidでdアカウントを取得する

① アプリ一覧画面で<My docomo>をタップします。<次へ>もしくは<スキップ>→<同意する>の順にタップします。

② <dアカウントとは?>をタップします。

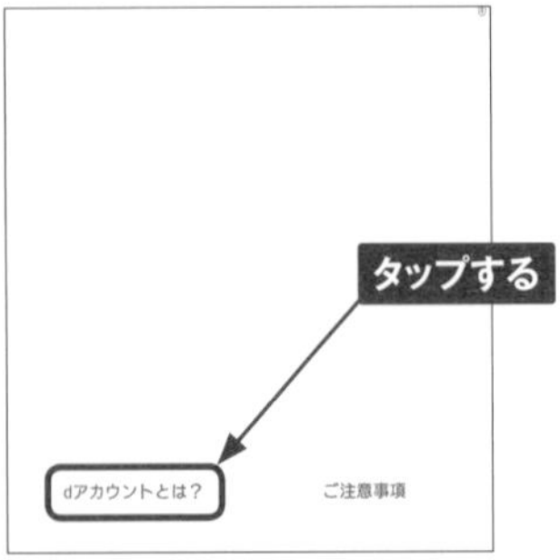

③ <dアカウント発行>をタップします。

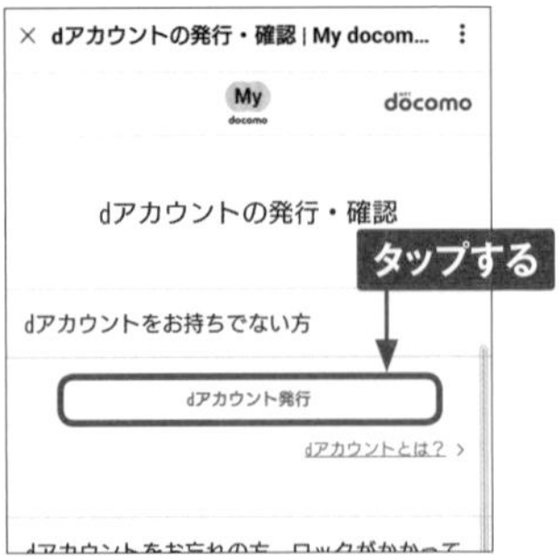

④ 任意のメールアドレスをタップまたは入力して、<次へ>→<次へ進む>の順にタップします。

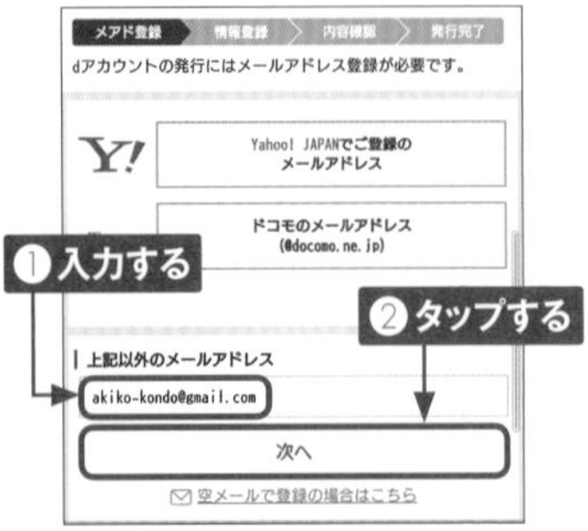

5 手順④で選択または入力したメールアドレスに届いたワンタイムキーを入力して、<次へ進む>をタップします。

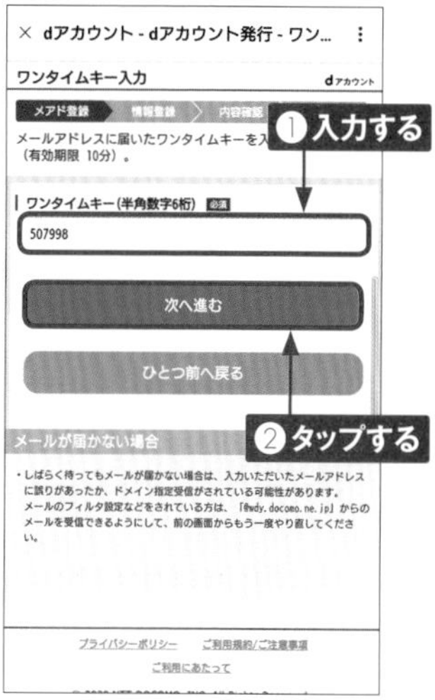

7 基本情報の入力と設定項目の選択をしたら、<次へ進む>をタップします。

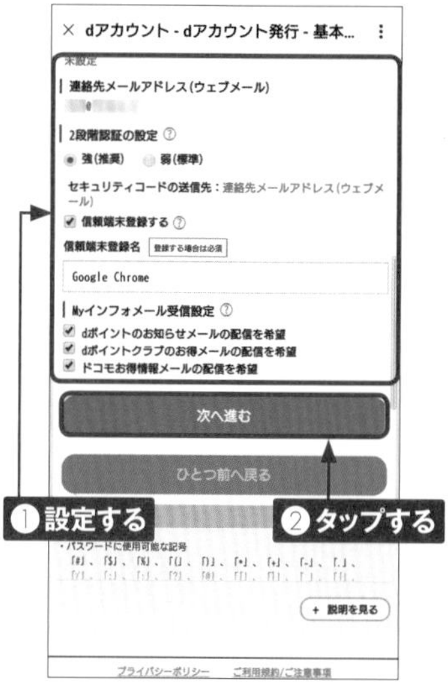

6 <好きな文字列>をタップして、IDにする任意の文字列を入力したら、<次へ進む>をタップします。

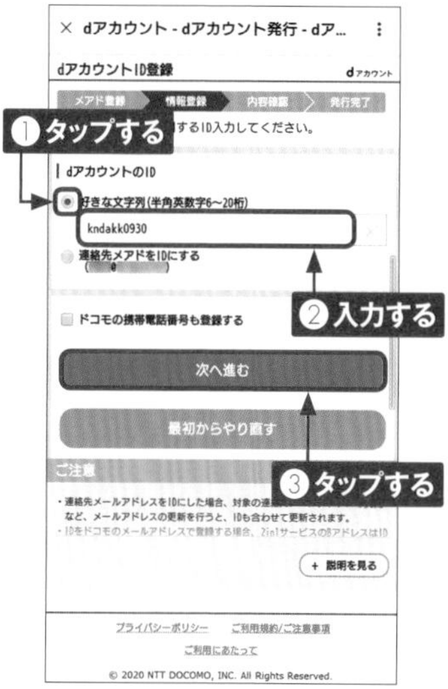

8 内容を確認し、<規約に同意して次へ>をタップするとdアカウントが発行され、発行完了通知メールが届きます。

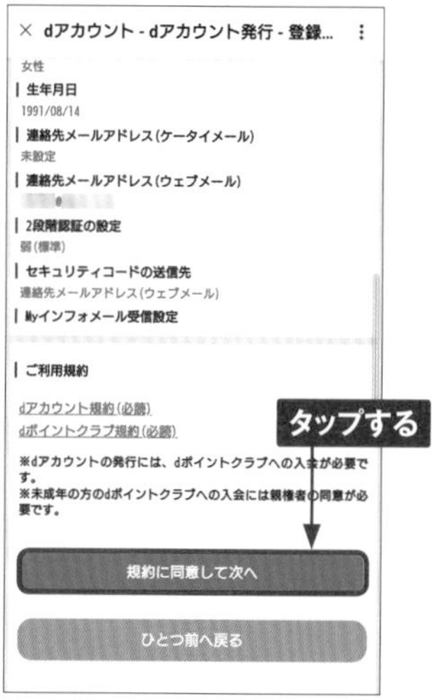

Section 05 Android iPhone

iPhoneでdアカウントを取得する

dアカウントを発行すると、dポイントやdマーケットなどのさまざまなサービスを利用できます。ここでは、iPhoneを使用したdアカウントの取得方法と、ドコモメールの利用設定までを解説します。

iPhoneでdアカウントを取得する

① ホーム画面でをタップします。

② をタップします。

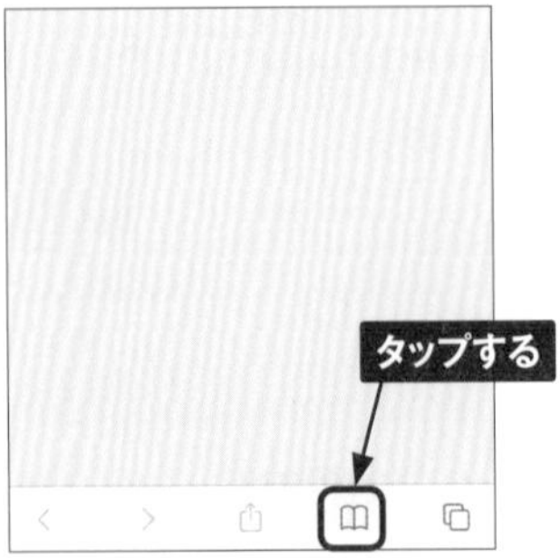

③ <My docomo（お客様サポート）>をタップします。

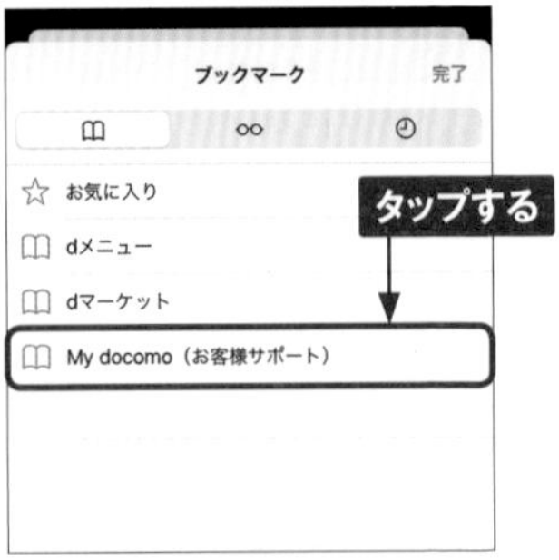

④ <新規登録はこちら>をタップします。

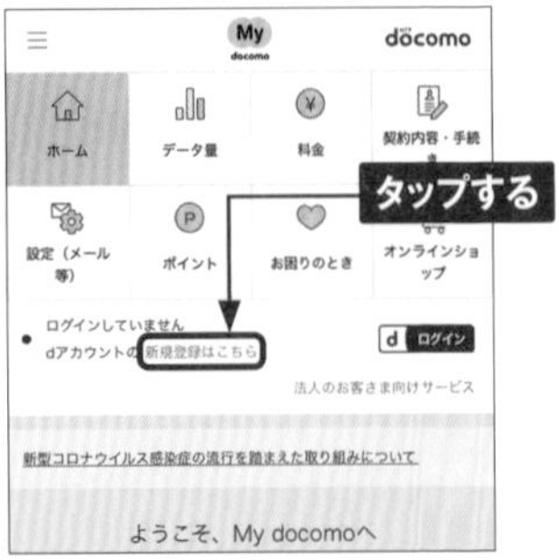

5 任意のメールアドレスをタップまたは入力して、＜次へ＞→＜次へ進む＞の順にタップします。

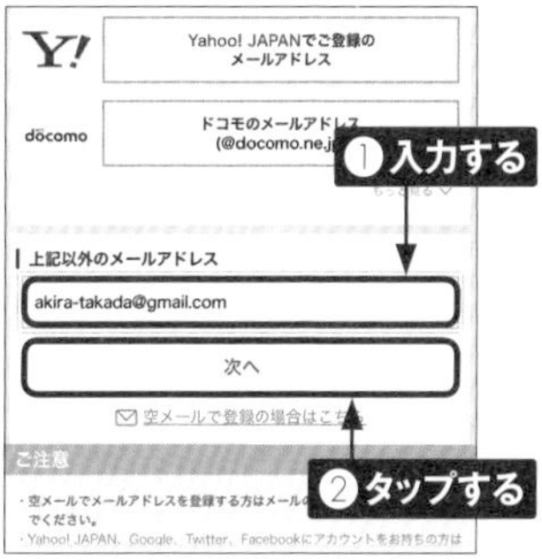

6 手順⑤で選択または入力したメールアドレスに届いたワンタイムキーを入力して、＜次へ進む＞をタップします。

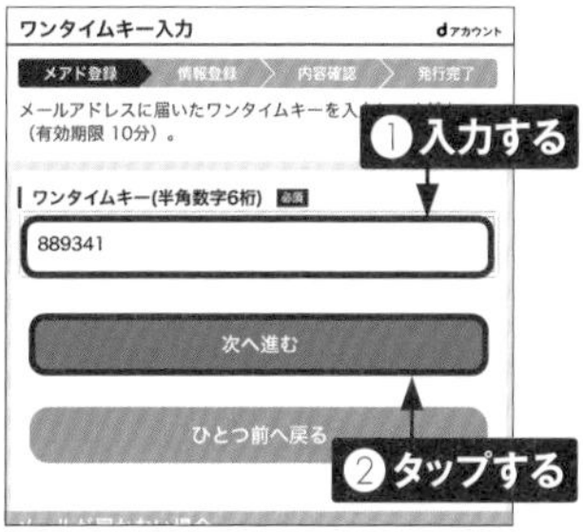

7 ネットワーク暗証番号を入力して、＜次へ進む＞をタップします。

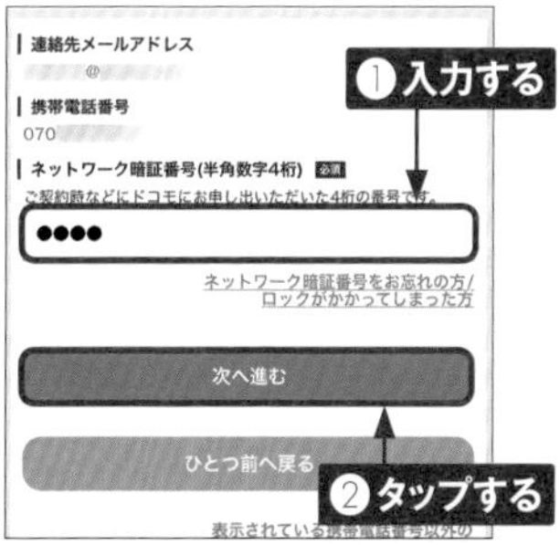

8 ＜好きな文字列＞をタップして、IDにする任意の文字列を入力したら、＜次へ進む＞をタップします。

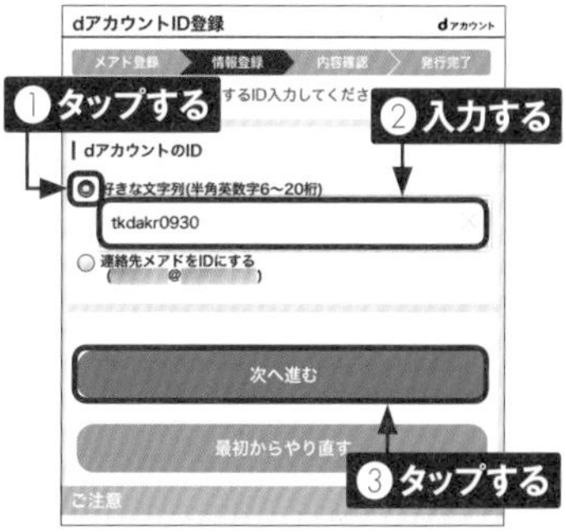

9 基本情報の入力と設定項目の選択をしたら、＜次へ進む＞をタップします。

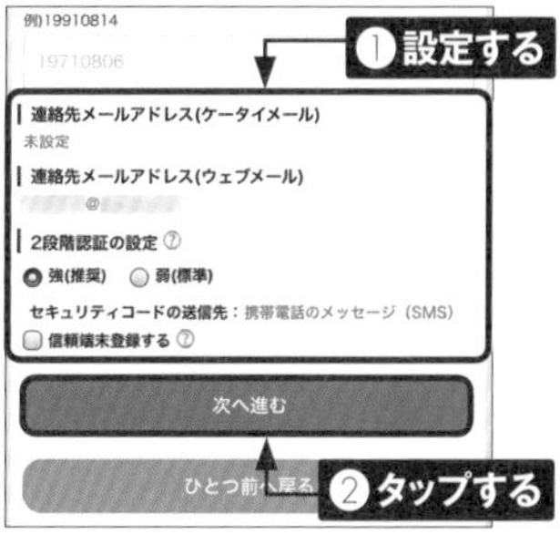

10 内容を確認し、＜規約に同意して次へ＞をタップするとdアカウントが発行され、発行完了通知メールが届きます。

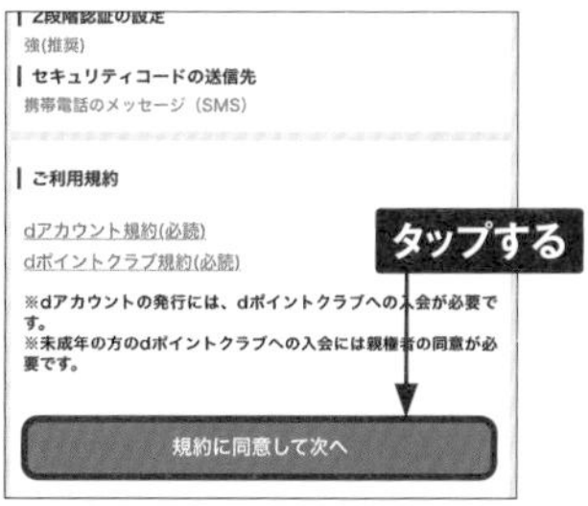

iPhoneでドコモメールを利用できるようにする

① P.16手順①～③を参考に「My docoom」画面を開き、<ログインして表示>をタップしてdアカウントにログインします。

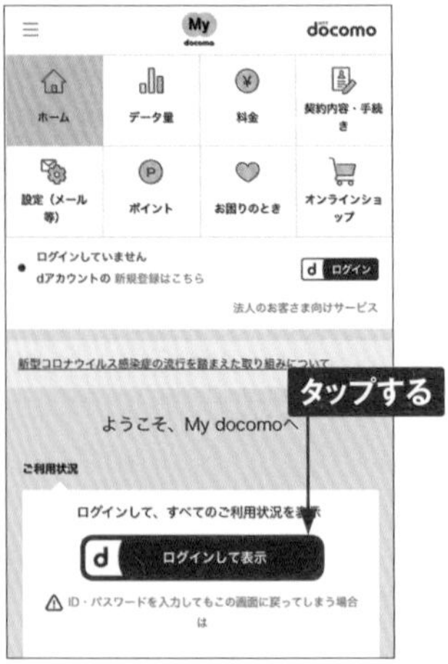

② <設定（メール等）>をタップします。

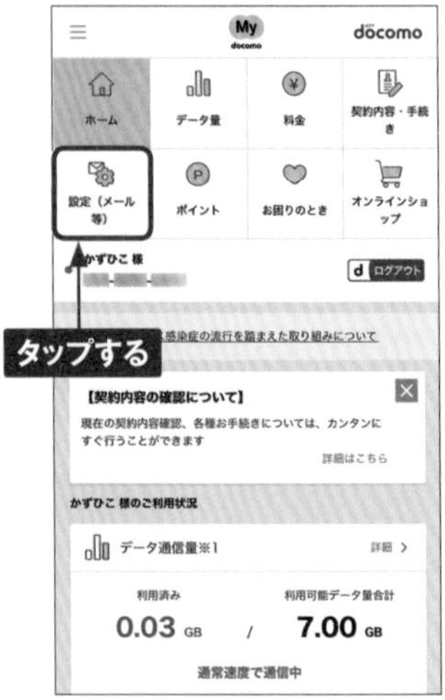

③ <iPhoneドコモメール利用設定>→<ドコモメール利用設定サイト>の順にタップします。

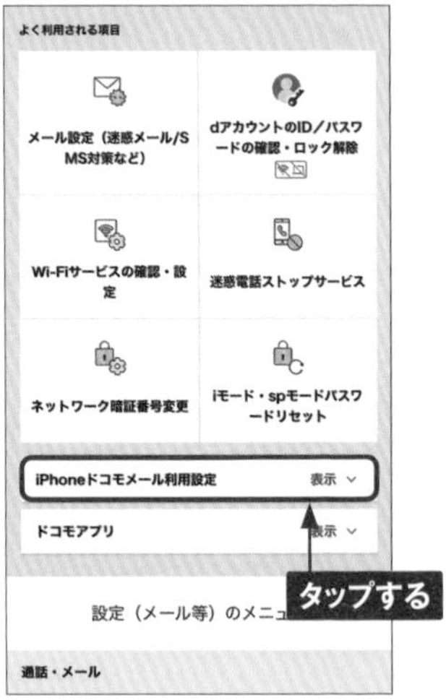

④ <次へ>→<許可>の順にタップします。

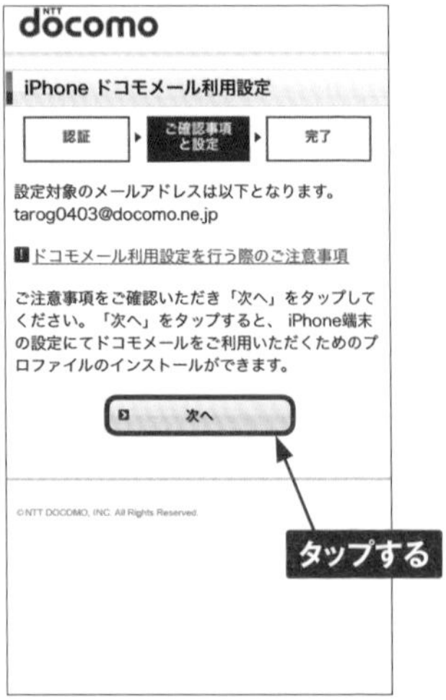

5 「プロファイル」画面で＜インストール＞をタップします。

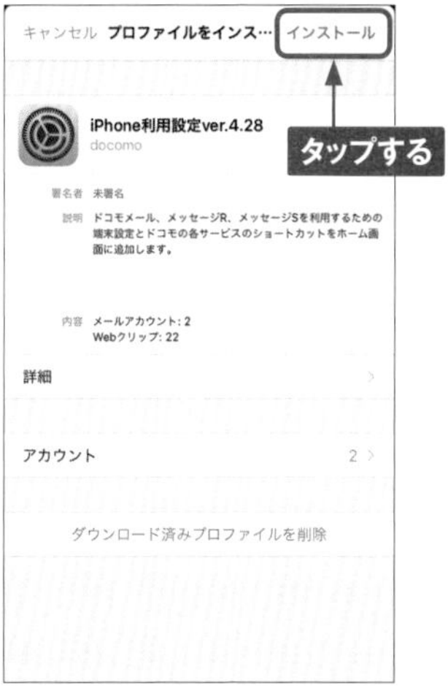

6 「警告」画面で＜インストール＞→＜インストール＞の順にタップします。

7 インストールが完了します。＜完了＞をタップします。

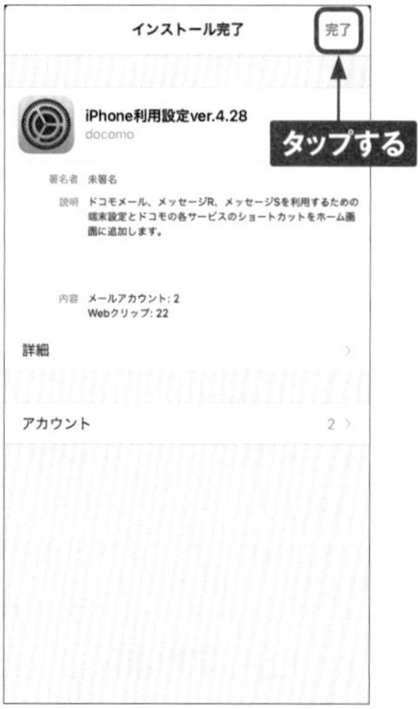

8 ドコモメールの設定が完了します。

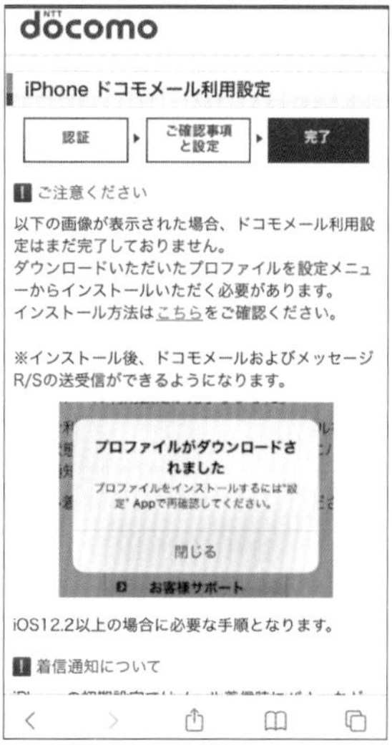

iPhoneでドコモメールのメールフォルダを設定する

① ホーム画面で＜設定＞をタップします。

② ＜メール＞→＜アカウント＞の順にタップします。

③ ＜ドコモメール＞をタップします。

④ ＜アカウント＞をタップします。

⑤ ＜詳細＞をタップします。

⑥ ＜送信済メールボックス＞をタップします。

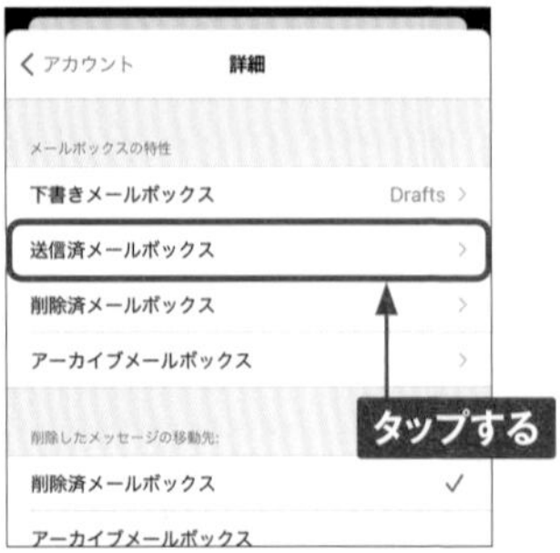

7 <Sent>をタップしてチェックを付け、<詳細>をタップします。

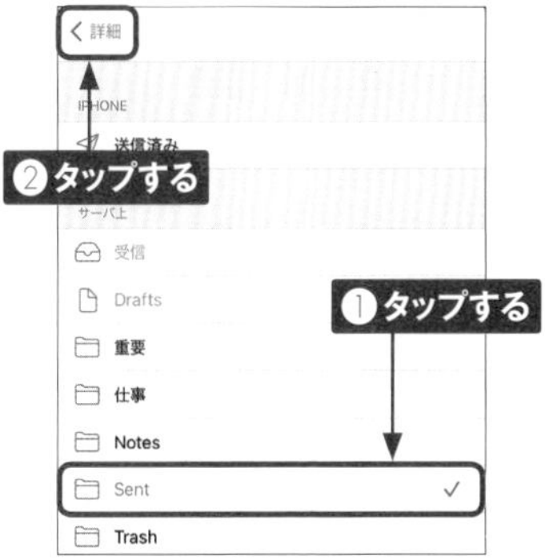

8 <削除済メールボックス>をタップします。

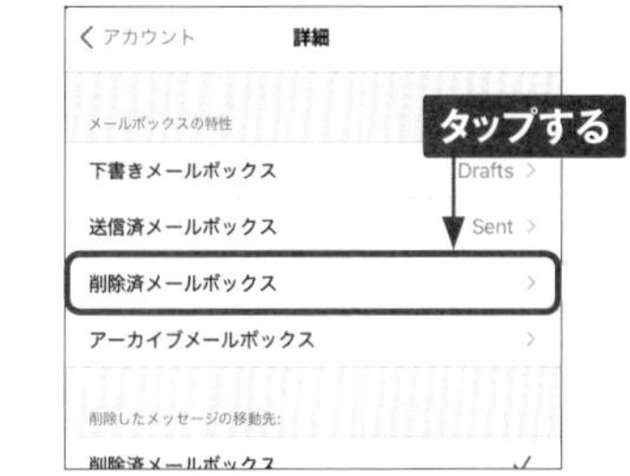

9 <Trash>をタップしてチェックを付け、<詳細>をタップします。

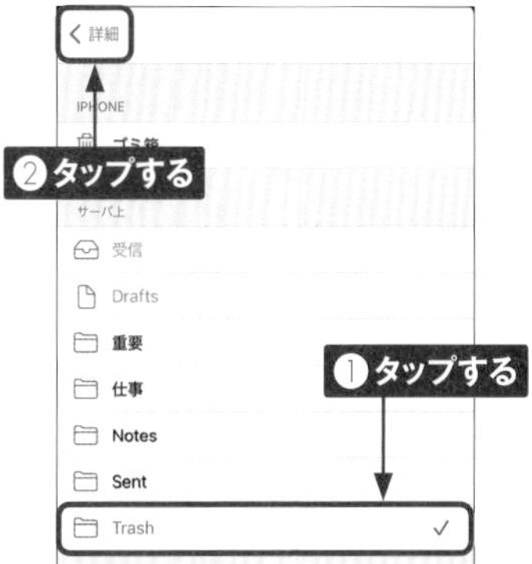

10 <アカウント>をタップします。

11 <完了>をタップします。

1

Section 06 Android iPhone

spモードパスワードを設定する

spモードパスワードは、メールアドレスの設定やspモードコンテンツ決済サービスを利用する際に必要になります。初期設定は「0000」です。なお、iPhoneでも同様に設定します。

spモードパスワードを設定する

① アプリ一覧画面で＜My docomo＞をタップし、dアカウントにログインしたら、＜設定（メール等）＞→＜spモードパスワード＞の順にタップします（iPhoneではP.18手順①～②参照）。

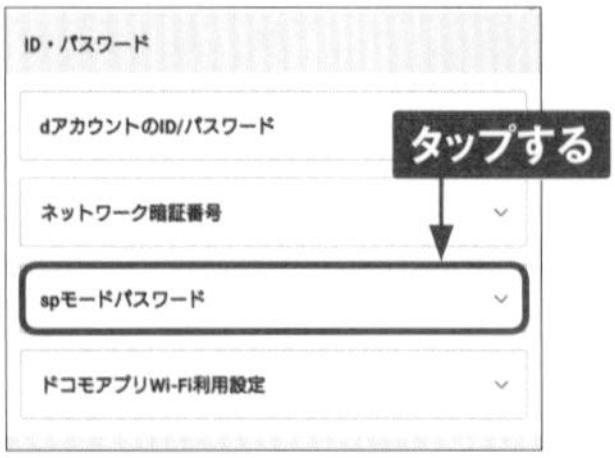

② ＜設定を変更する＞をタップします。

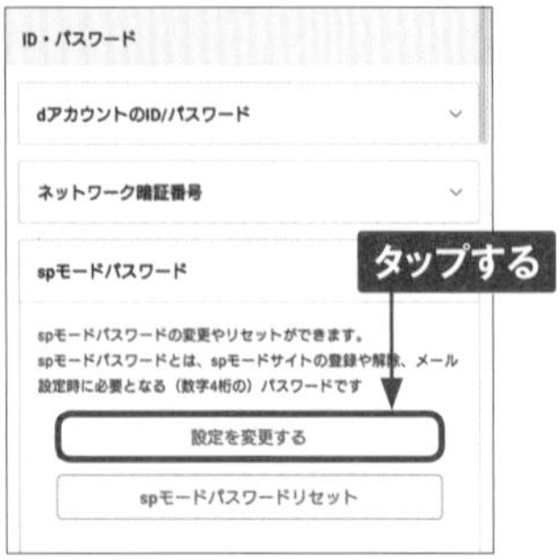

③ ネットワーク暗証番号を入力し、＜認証する＞をタップします。パスワードの保存画面が表示されたら、＜使用しない＞をタップします。

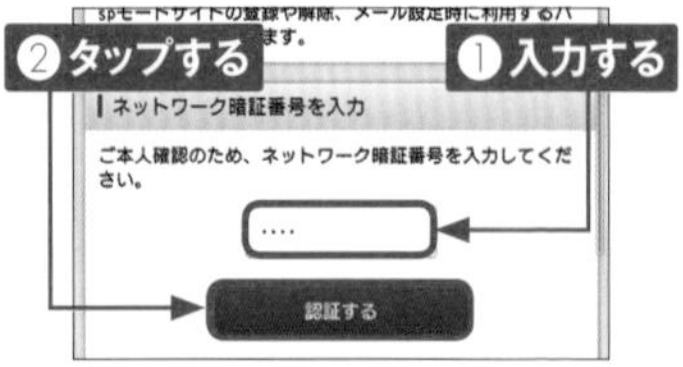

④ 現在のspモードパスワード（初期値は「0000」）と新しいパスワードを入力します。＜設定を確定する＞をタップします。

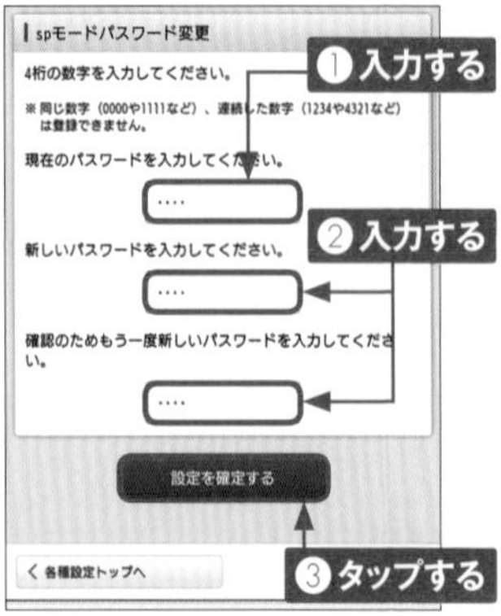

Section 07 Android iPhone

ドコモクラウドでできること

ドコモクラウドは、ドコモが提供するクラウドサービスです。連絡先や写真などを、ドコモのサーバーに預けて管理することができます。同一のdアカウントを使えば、パソコンからでも利用が可能です。

ドコモクラウドの機能

ドコモクラウドは、ドコモが提供するクラウドサービスです。連絡先やメール、撮影した写真やデータなどを、ドコモのサーバーにアップロードして保存・管理することができます。ドコモクラウドに保存したデータは、オンラインならばいつでも利用できます。機種変更時などのデータ移行がかんたんにでき、タブレットやパソコンからでも利用することが可能です。ドコモクラウドは、保存容量5GBまで無料で利用できます。ドコモクラウドの利用には、dアカウントが必要になるので、あらかじめ取得しておきましょう。

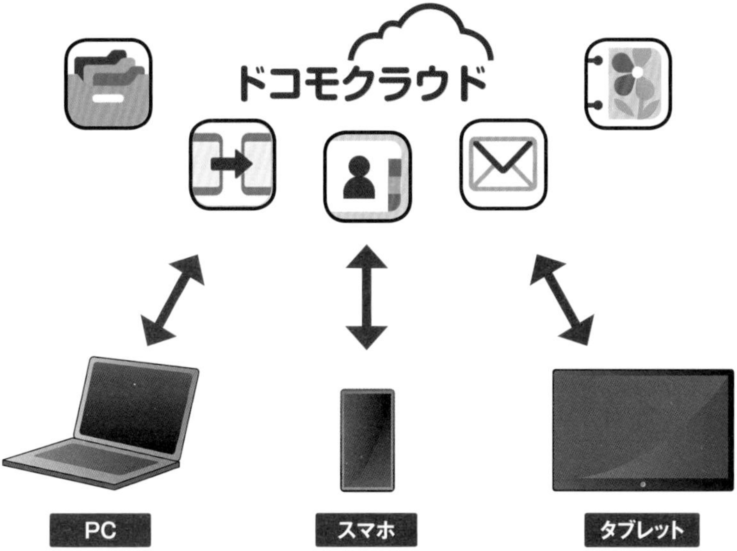

ドコモクラウドは、「電話帳」アプリや「メール」アプリのほかに、「dフォト」、「スケジュール＆メモ」などのアプリで利用できます。

Section 08 Android iPhone

My docomoで料金を調べる

My docomoには、専用のアプリが提供されています。My docomoアプリを利用すると、料金やデータ通信料、dポイントなどを手軽にチェックすることができます。

My docomoアプリを利用して料金を調べる

① アプリ一覧画面で＜My docomo＞をタップします（iPhoneではP.16手順①〜③参照）。

② dアカウントのIDを入力し、＜次へ＞をタップします。

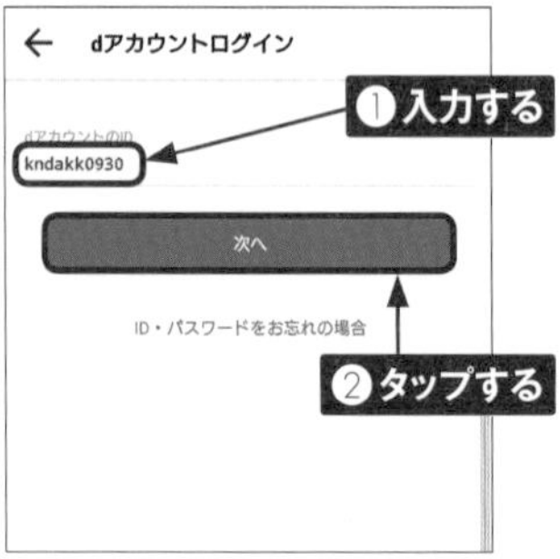

③ パスワードとSMSに送信されたセキュリティコードを入力し、＜ログインする＞をタップします。

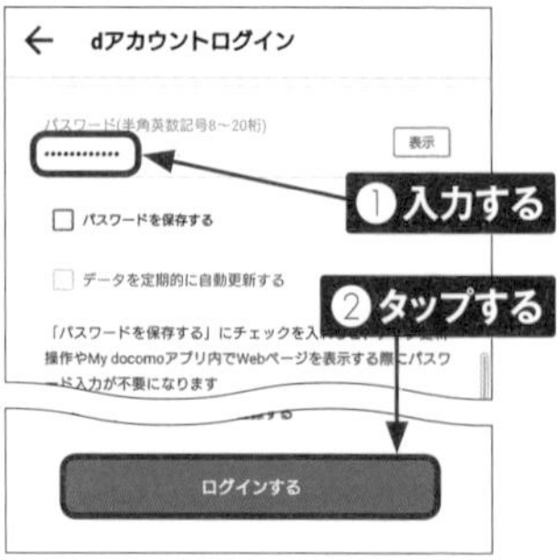

④ ＜同意する＞をタップします。

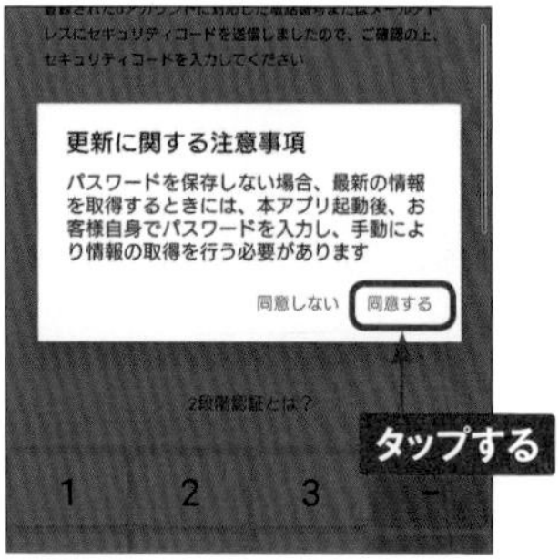

5 「アプリ起動パスコードロック」画面が表示されます。ここでは、<スキップ>をタップします。

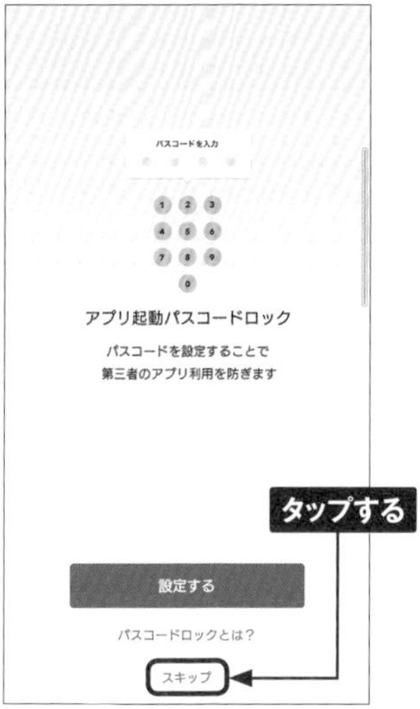

6 「ウィジェット利用で簡単に確認」画面が表示されます。ここでは、<利用しない>をタップします。

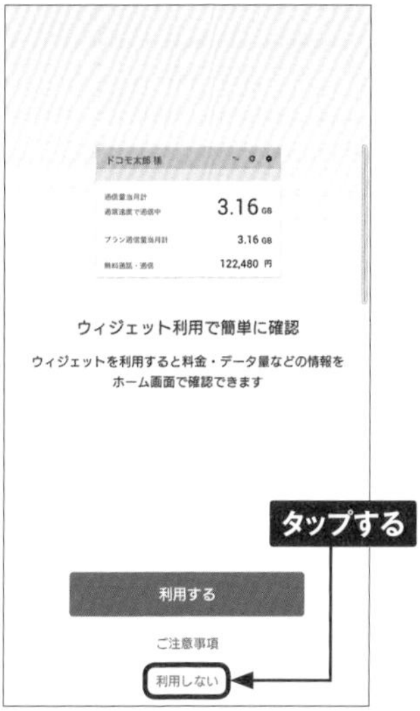

7 <さあ、My docomoへ>→<更新する>の順にタップします。

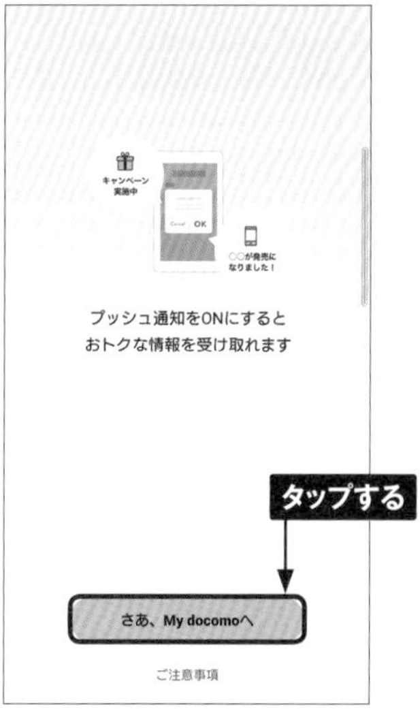

8 My docomoのトップページが表示され、利用料金を確認できます。<ご利用額>をタップすると、料金の内訳を確認できます。

Section 09 Android iPhone

お客様サポートを利用する

「お客様サポート」では、ドコモからのさまざまなお知らせをはじめ、各種サービスのサポート情報を確認することができます。「My docomo」画面と合わせて契約情報を確認してみましょう。

お客様サポートにアクセスする

① アプリ一覧画面で<My docomo>をタップし、dアカウントにログインします（iPhoneではP.16手順①〜③参照）。

② My docomoのトップページが表示されたら画面を上方向にスワイプし、<お客様サポート>をタップします。

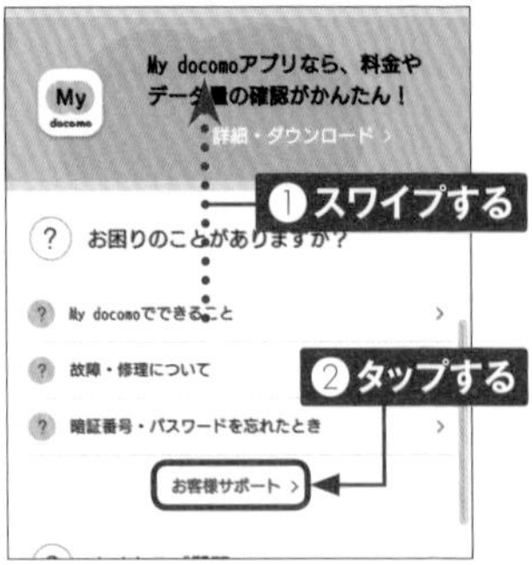

メニュー	主なサービス
Apple社製品に関するサポート情報	Apple社製品をドコモで利用する際の初期設定、Wi-Fiやデザリングの設定方法
製品に関するサポート情報	操作方法、暗証番号・パスワードの設定、データ移行方法、故障・修理対応
ドコモアプリ	請求書や料金明細書の見方、料金の支払い方法や支払いスケジュールの確認
サービス・機能に関するサポート情報	楽しいサービスや便利な機能の紹介
通信・エリアに関するサポート情報	国際ローミング、Wi-Fiの利用可能な地域・エリアの案内

契約情報を確認・変更する

1 P.26を参考にお客様サポートにアクセスし、＜My docomo＞をタップします。

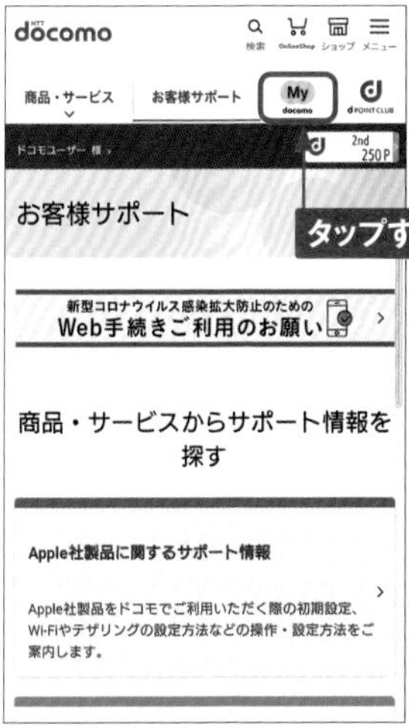

2 ＜契約内容・手続き＞をタップします。

3 ＜全てのご契約内容の確認＞をタップします。

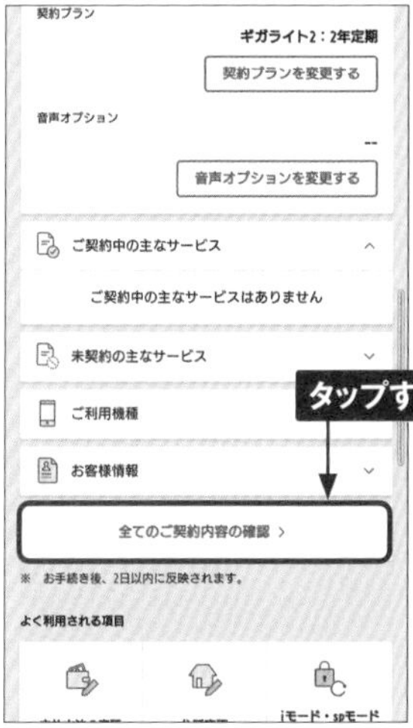

4 契約情報は3画面に分かれています。最初に「基本ご契約情報」が表示されます。2をタップします。

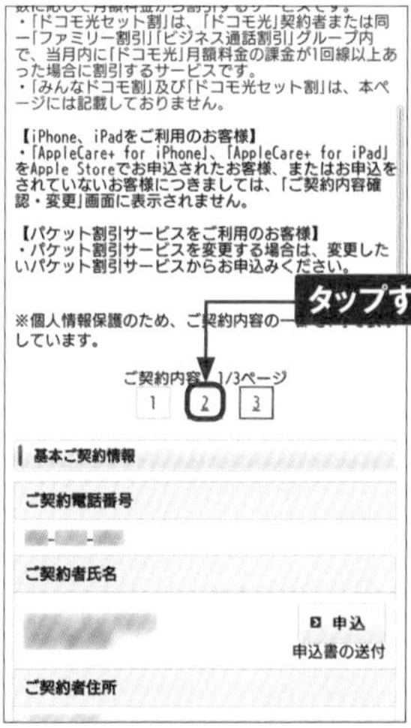

⑤ 料金プランや割引サービスの契約状況が表示されます。3をタップします。

⑥ 有料オプションサービスの契約状況が表示されます。料金プランやサービスの申し込み／解約をしたい場合は、そのサービスの＜申込＞や＜解約＞をタップします。

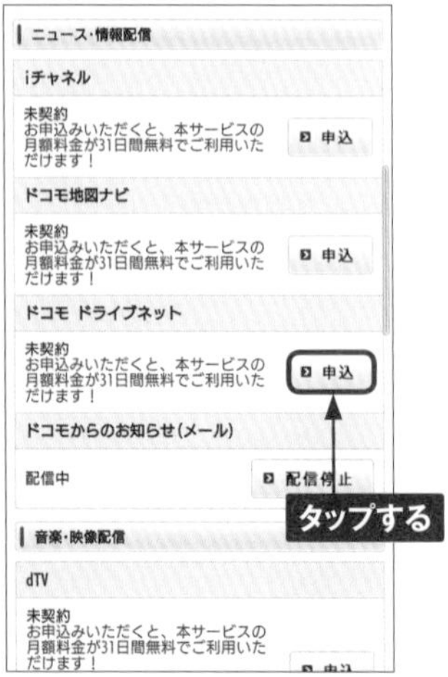

⑦ 画面を上方向にスワイプして契約内容を確認します。

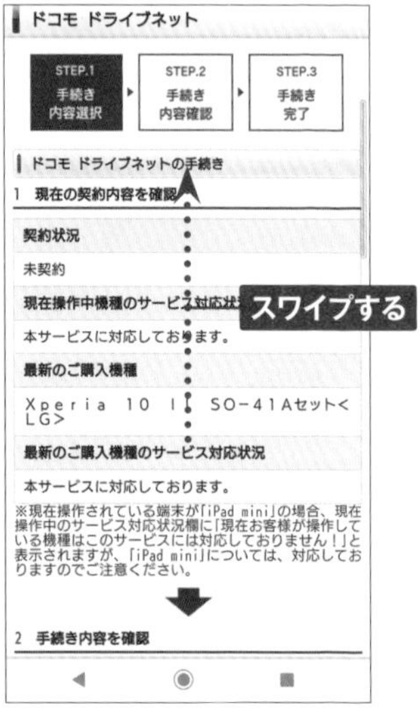

⑧ 利用規約を確認し、チェックボックスをタップしてチェックを付けたら、画面を上方向にスワイプします。

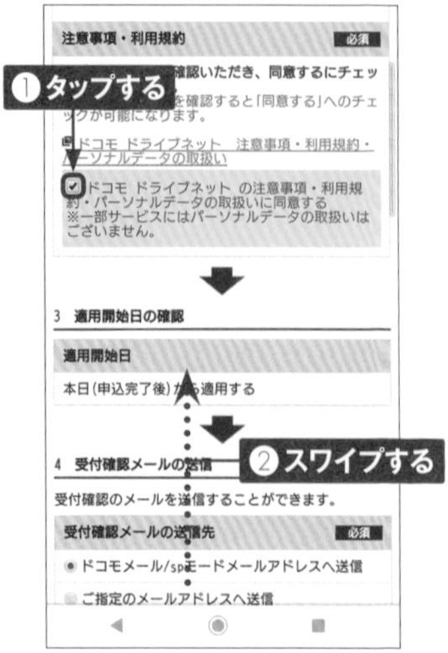

9 受付確認メールの送信先をタップして選択し、＜次へ＞をタップします。

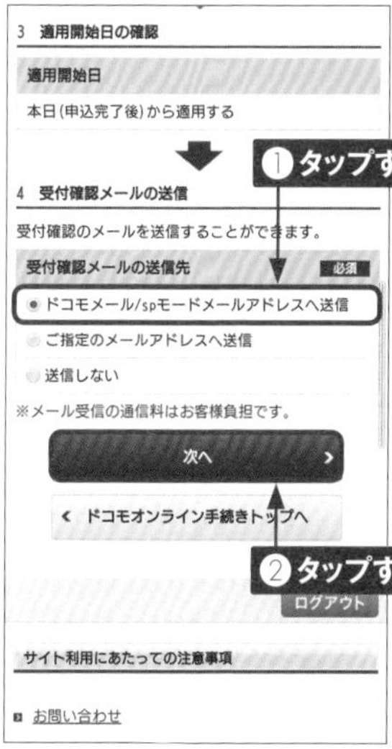

10 ＜手続きを完了する＞をタップすると、手続きが完了します。

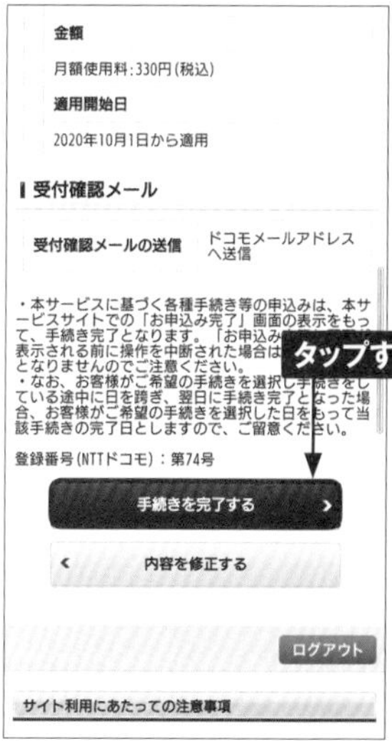

MEMO お客様サポートから手続き方法や必要書類を確認する

お客様サポートでは、各種手続き方法と必要書類を以下の手順で確認することができます。P.26を参考にお客様サポートにアクセスしたら、画面を上方向にスワイプして＜お手続きのご案内＞をタップします。＜開く＞をタップすると、確認することができます。

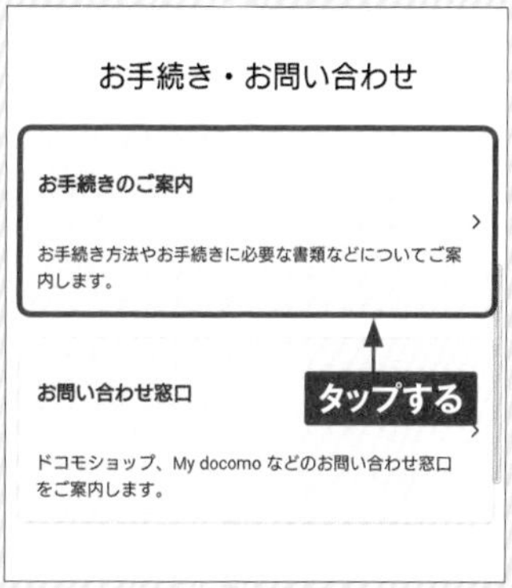

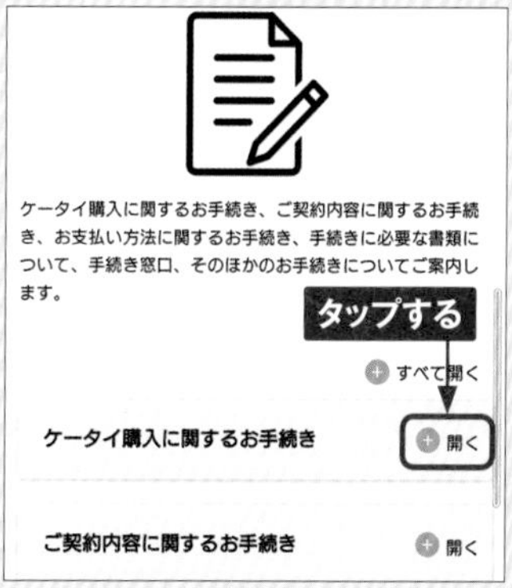

Section 10 Android iPhone

Application

ドコモ払いを利用する

ドコモ払いを利用すると、対応サイトでのネットショッピングのお買い物代金やオンラインゲームのプレイ代金などの支払いができます。4桁のパスワードだけでかんたんに決済が可能です。

ドコモ払いとは

ドコモ払いとは、利用サイトより購入した商品やサービスなどの購入代金を、「電話料金合算払い」として、月々の携帯料金とまとめて決済できる便利な決済サービスです。ドコモの携帯電話を持っていれば、事前の申し込みは不要です。対応サイトでの買い物であれば、クレジットカードの登録は不要となり、4桁のパスワード（ドコモspモードパスワード、ネットワーク暗証番号）だけで決済ができるので、空き時間や外出先でもかんたんにネットショッピングを楽しめます（クレジットカードを持っていない場合でも、利用できるサービスです）。また、ドコモ払いの限度額は、My docomoから変更を行うことができます。なお、利用サイトのサービス対応状況によって利用できる支払い方法が異なるので、事前に確認しておきましょう。

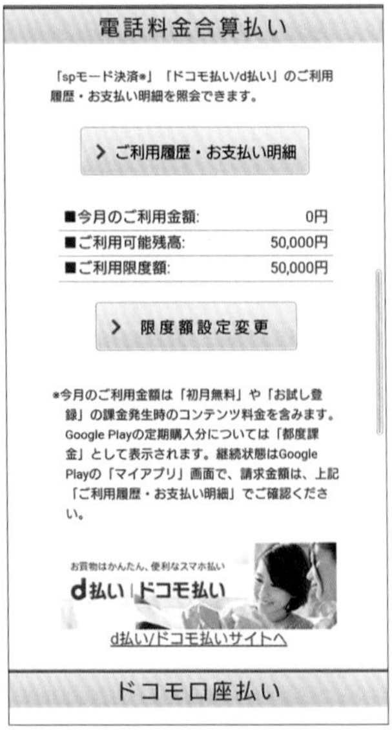
電話料金合算払い
「spモード決済※」「ドコモ払い/d払い」のご利用履歴・お支払い明細を照会できます。
> ご利用履歴・お支払い明細
■今月のご利用金額: 0円
■ご利用可能残高: 50,000円
■ご利用限度額: 50,000円
> 限度額設定変更
※今月のご利用金額は「初月無料」や「お試し登録」の課金発生時のコンテンツ料金を含みます。Google Playの定期購入分については「都度課金」として表示されます。継続状態はGoogle Playの「マイアプリ」画面で、請求金額は、上記「ご利用履歴・お支払い明細」でご確認ください。
お買物はかんたん、便利なスマホ払い
d払い ドコモ払い
d払い/ドコモ払いサイトへ
ドコモ口座払い

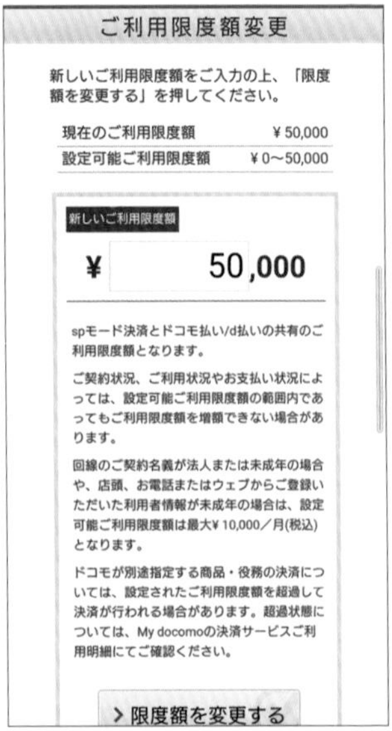
ご利用限度額変更
新しいご利用限度額をご入力の上、「限度額を変更する」を押してください。
現在のご利用限度額 ¥50,000
設定可能ご利用限度額 ¥0〜50,000
新しいご利用限度額
¥ 50,000
spモード決済とドコモ払い/d払いの共有のご利用限度額となります。
ご契約状況、ご利用状況やお支払い状況によっては、設定可能ご利用限度額の範囲内であってもご利用限度額を増額できない場合があります。
回線のご契約名義が法人または未成年の場合や、店頭、お電話またはウェブからご登録いただいた利用者情報が未成年の場合は、設定可能ご利用限度額は最大¥10,000／月(税込)となります。
ドコモが別途指定する商品・役務の決済については、設定されたご利用限度額を超過して決済が行われる場合があります。超過状態については、My docomoの決済サービスご利用明細にてご確認ください。
> 限度額を変更する

ドコモ払いを利用する

ここでは、dマーケットで利用する手順を解説します。

① アプリ一覧画面で<dマーケット>をタップして開き、<ブック>をタップします。

② 購入したい書籍を表示し、<電子書籍を購入する>をタップします。

③ 支払い方法で、「ドコモ払い」の<購入>をタップします（コンテンツによって表示方法が異なります）。

④ 決済内容を確認し、spモードパスワードを入力します。<承諾して購入する>をタップすると、ドコモ払いで支払いが完了します。

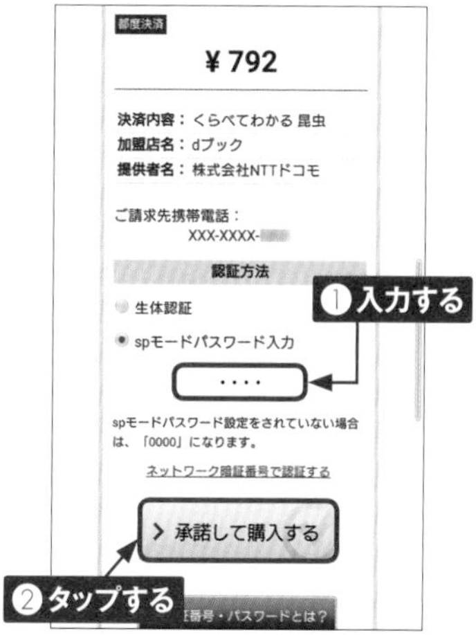

パソコンでドコモ払いを利用する

ここでは、オンラインゲームで利用する手順を解説します。

① ブラウザでドコモ払いに対応しているオンラインゲームサイトにアクセスし、ポイント購入画面を開きます。

② ＜ドコモ払い＞をクリックします。

③ スマートフォンでQRコードを読み取り、画面の指示に従って支払い手続きを進めます。

Chapter 2

電話やメールのサービスを活用する

Section 11 ドコモ電話帳をクラウドで利用する
Section 12 ビデオコールで相手の顔を見て話す
Section 13 ドコモの留守番電話サービスを利用する
Section 14 迷惑電話ストップサービスを利用する
Section 15 呼び出し音が音楽になるメロディコールを利用する
Section 16 海外でドコモのスマホを利用する
Section 17 ドコモメールを設定する
Section 18 ドコモメールのアドレスを変更する
Section 19 「ドコモメール」アプリを使いやすくカスタマイズする
Section 20 「ドコモメール」アプリの背景などをきせかえる
Section 21 テンプレートやデコメのメールを送る
Section 22 迷惑メールをブロックする
Section 23 ドコモメールをパソコンから利用する
Section 24 メッセージS、Rを利用する

Section 11 Android iPhone

ドコモ電話帳をクラウドで利用する

ドコモ電話帳では、クラウド機能を利用することができます。クラウド機能を有効にすることで、電話帳データが専用のサーバーに自動で保存されるようになります。

クラウド機能を利用する

1 アプリ一覧画面で<ドコモ電話帳>をタップします。

2 「クラウド機能の利用について」画面が表示されます。<注意事項>をタップして内容を確認します。

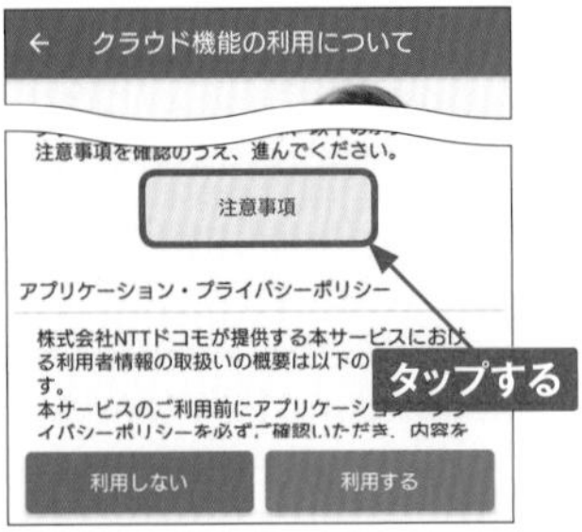

3 注意事項を確認したら、<利用する>をタップします。

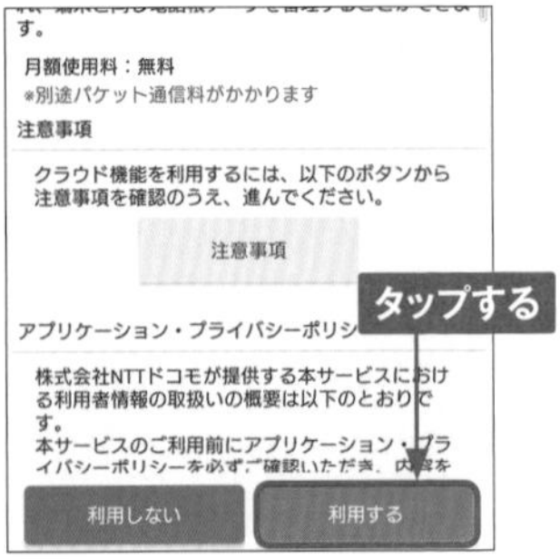

4 クラウドに同期された連絡先が表示されます。

クラウドの状態を確認する

1 P.34手順④の画面で≡→＜設定＞の順にタップします。

2 ＜クラウドメニュー＞をタップします。

3 ＜クラウドの状態確認＞をタップします。

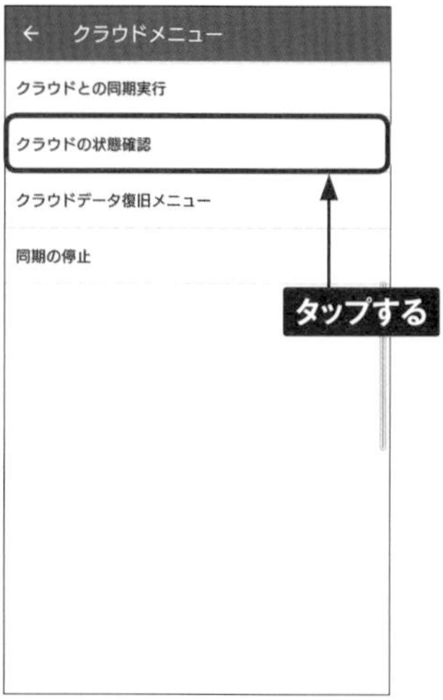

4 「最終同期時刻」「クラウドに登録されている連絡先件数」「クラウドの残り容量」が表示されます。

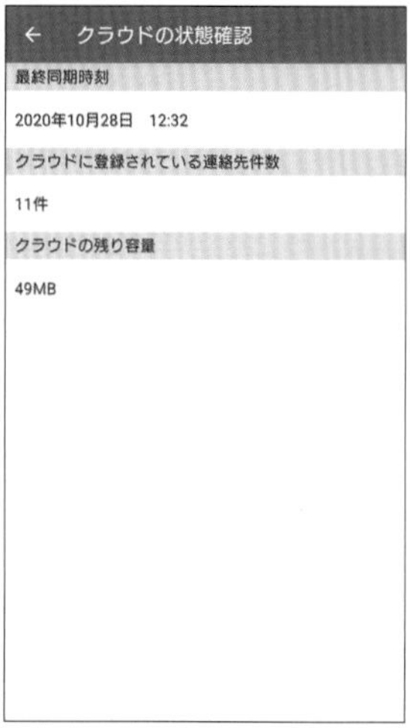

ビデオコールで相手の顔を見て話す

ビデオコールを利用すると、相手の顔を見ながら話したりすることができます。また、音声通話からかんたんに切り替えることが可能です。VoLTEに対応したAndroidで利用可能です。

ビデオコールを利用して電話をかける

1 ホーム画面で をタップします。

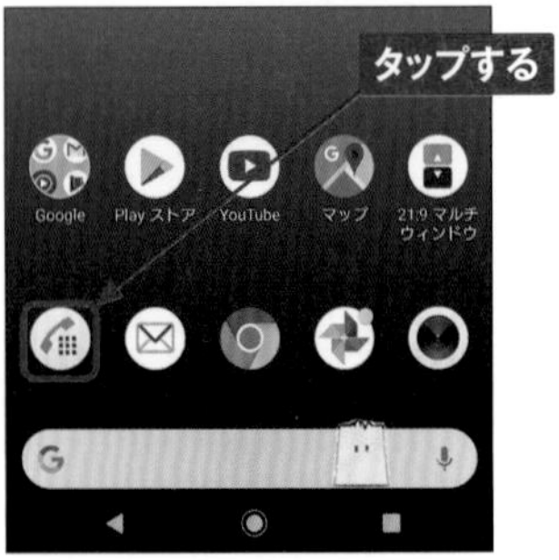

2 <連絡先>をタップします。

3 ビデオコールしたい相手の名前をタップします。

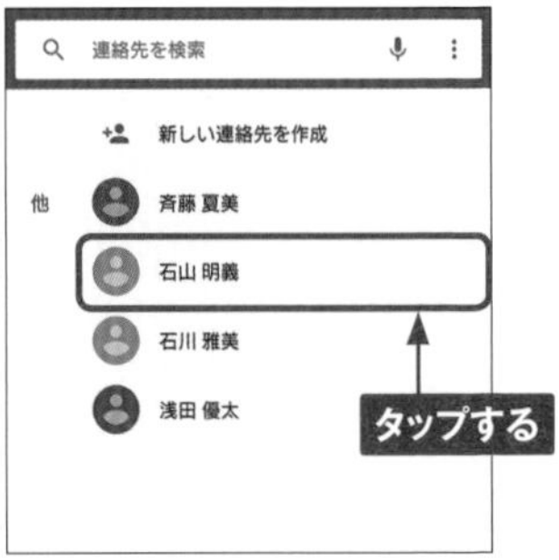

4 をタップします。

5 ＜通話管理＞→＜常時＞の順にタップします。

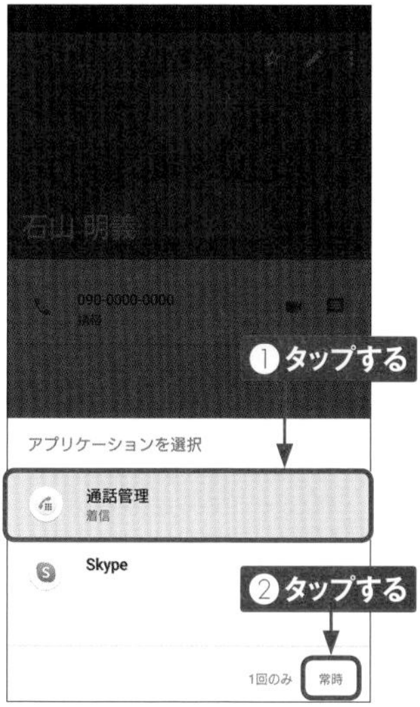

6 ビデオコールが発信されます。相手がビデオで応答すると、顔を見ながら通話することができます。

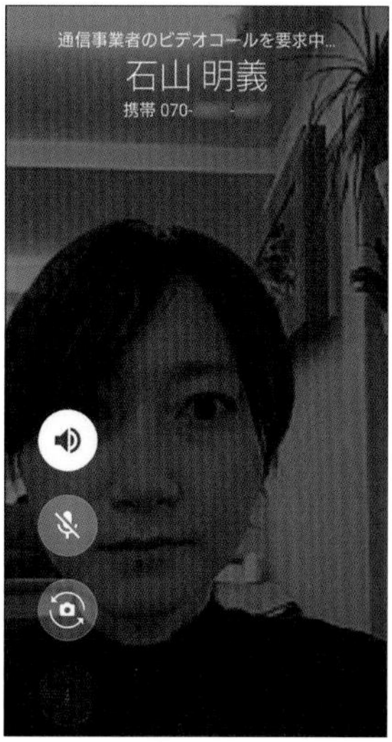

MEMO 音声通話からビデオコールに切り替える

着信時に、音声通話からビデオコールに切り替えて通話したい場合は、以下の操作をします。
電話がかかってきたら、📞を上方向にスワイプして通話を開始します。＜ビデオコール＞をタップし、相手がビデオコールへの切り替えを許可すると、ビデオコールでの通話が可能になります。

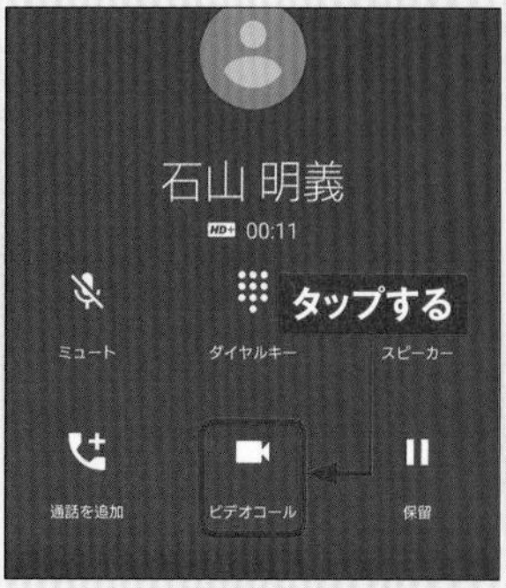

2

ドコモの留守番電話サービスを利用する

NTTドコモの留守番電話サービス（有料）を利用すると、電話に出られないときに伝言メッセージを残してもらうことができます。なお、契約時の呼び出し時間は15秒に設定されています。

Androidで留守番電話を確認する

① 留守番電話にメッセージがあると、ステータスバーに通知が表示されます。

② ホーム画面でをタップし、＜ダイヤル＞をタップします。「1417」と入力し、をタップします。

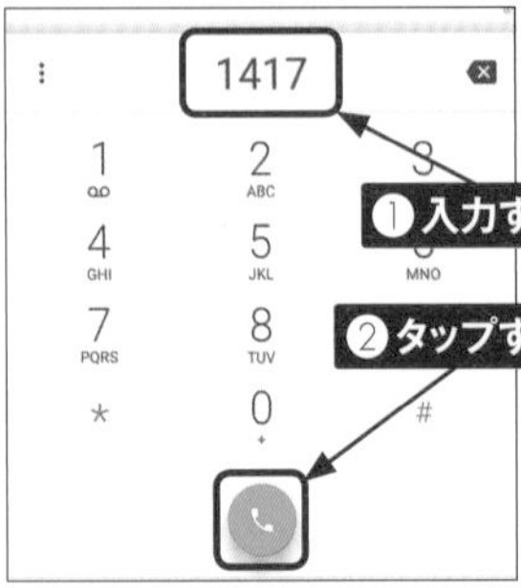

③ 留守番電話サービスにつながり、メッセージが再生されます。

MEMO 留守番電話サービスとは

留守番電話を利用するには、有料の留守番電話サービスに加入する必要があります。未加入の場合は、ドコモショップの店頭またはMy docomoから利用を申し込むことができます。

Androidで留守番電話を消去する

1 P.38の方法で留守番電話サービスに電話をかけます。メッセージを消去したい場合は、＜ダイヤルキー＞→ 3 の順にタップします。

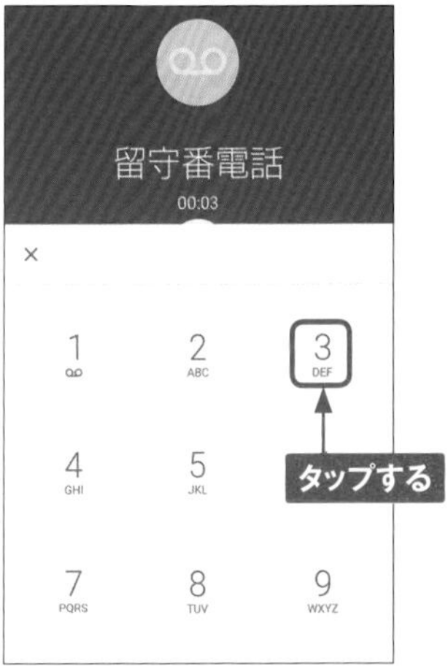

2 メッセージが消去されます。複数のメッセージが録音されている場合は、# をタップすると、次のメッセージを聞くことができます。

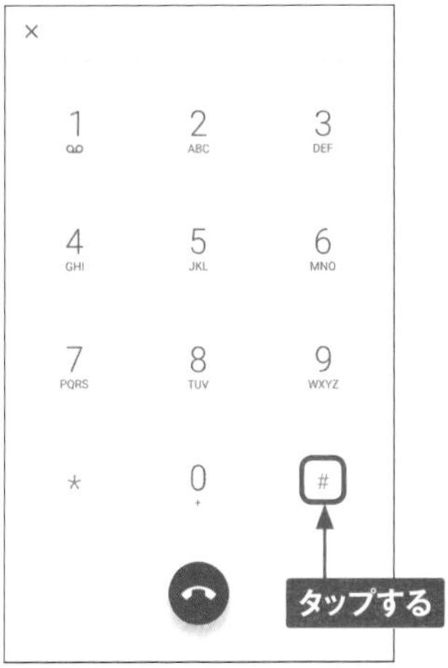

3 をタップすると、メッセージの再生が終了します。

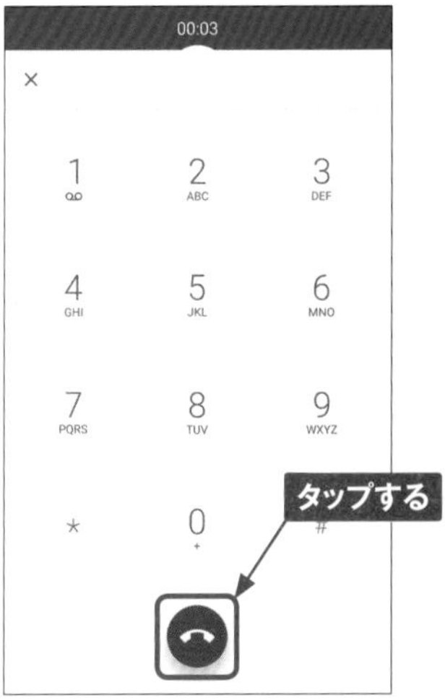

MEMO **「ドコモ留守電」アプリを利用する**

ドコモでは、「ドコモ留守電」アプリを利用して留守番電話を管理することが可能です。留守番電話の一覧表示や、メッセージの再生や削除などもかんたんに行えます。「https://www.nttdocomo.co.jp/service/answer_phone/answer_phone_app/」からアプリをダウンロードすることができます。

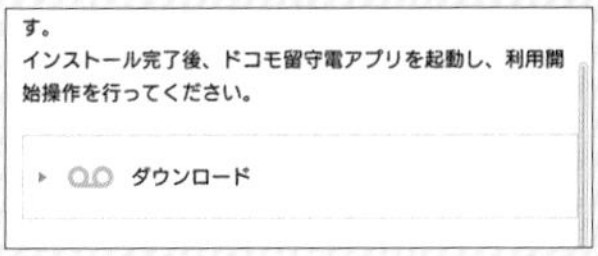

2

iPhoneで留守番電話を確認する

●ロック画面から開く

① ロック画面に留守番電話の通知が表示された場合は、通知をタップし、＜開く＞をタップします。

② ▶をタップすると、メッセージが再生されます。

●「電話」アプリから開く

① ホーム画面を表示し、をタップします。

② ＜留守番電話＞をタップし、相手の連絡先をタップして、▶をタップすると、保存されたメッセージが再生されます。

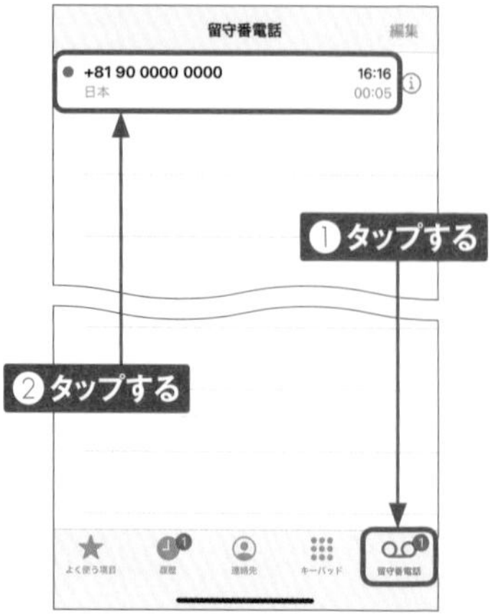

iPhoneで留守番電話の呼び出し時間を設定する

1 ホーム画面で→＜キーパッド＞の順にタップし、「1419」と入力してをタップします。

2 ＜キーパッド＞をタップします。

3 留守番電話の呼び出し秒数（0～120秒。ここでは「30」）を入力し、そのあとに「#」を入力します。初期設定では15秒に設定されています。

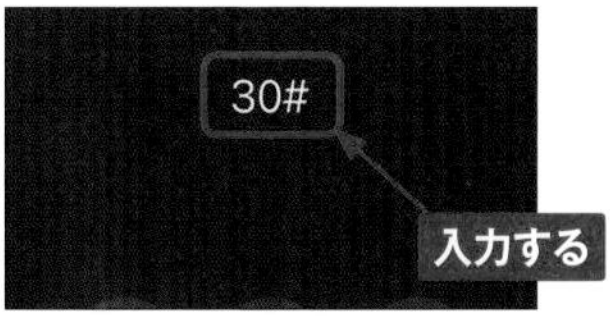

4 最後に「#」を入力し、をタップして通話を終了します。

MEMO 相手に電話をかけ直す

電波の届かない場所にいるときは、すぐに留守番電話に転送されるため、着信履歴に発信元の電話番号が表示されません。この場合は、電話番号がSMSで通知されるので、ホーム画面でをタップし、「DoCoMo SMS」に記載された電話番号をタップし、＜発信＞をタップします。

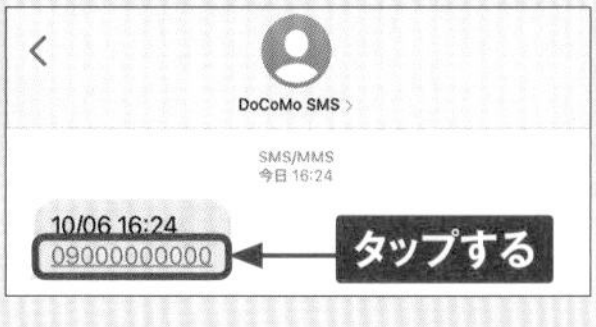

Section 14 Android iPhone

迷惑電話ストップサービスを利用する

「迷惑電話ストップサービス」は、くり返しかかってくる迷惑電話やいたずら電話を拒否できるサービスです。電話番号は最大30件まで登録することが可能です。

Androidで迷惑電話ストップサービスを設定する

1 ホーム画面で をタップします。

2 画面右上の ⁝ をタップし、<設定>→<通話>の順にタップします。

3 <ネットワークサービス>をタップします。

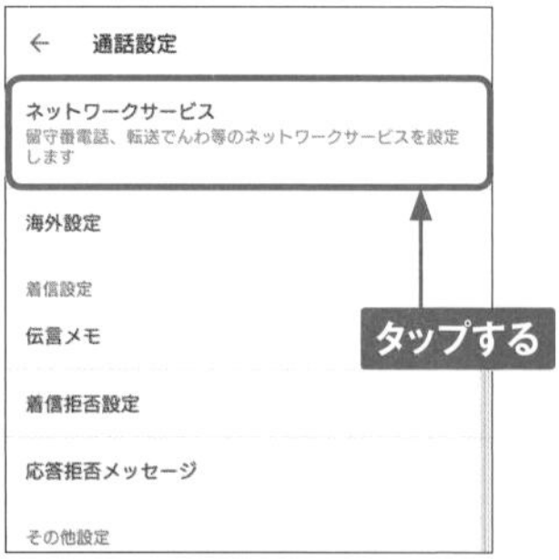

4 <迷惑電話ストップサービス>をタップします。

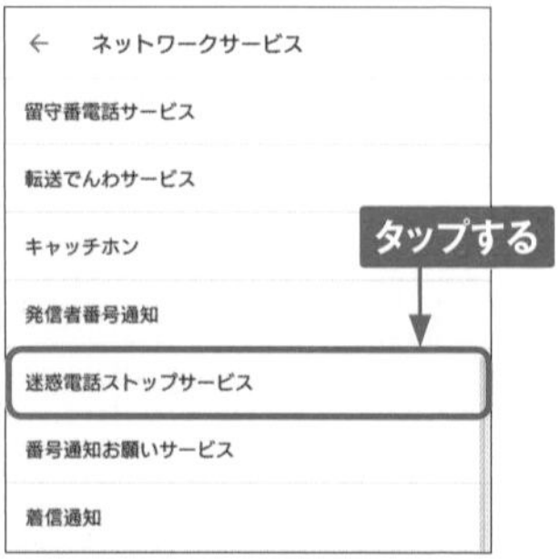

5 <番号指定拒否登録>をタップします。

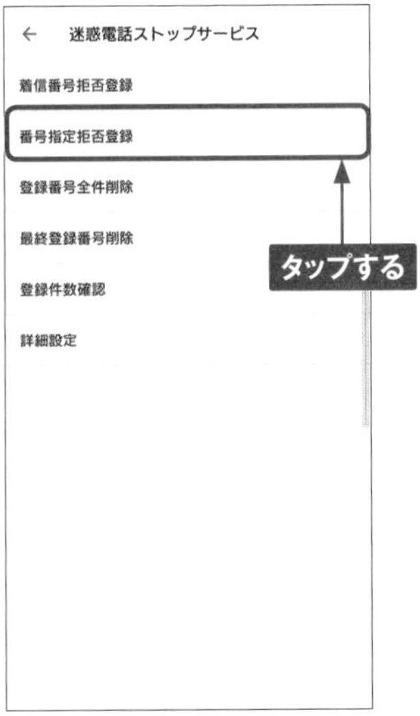

6 拒否したい電話番号を入力し、<OK>をタップします。

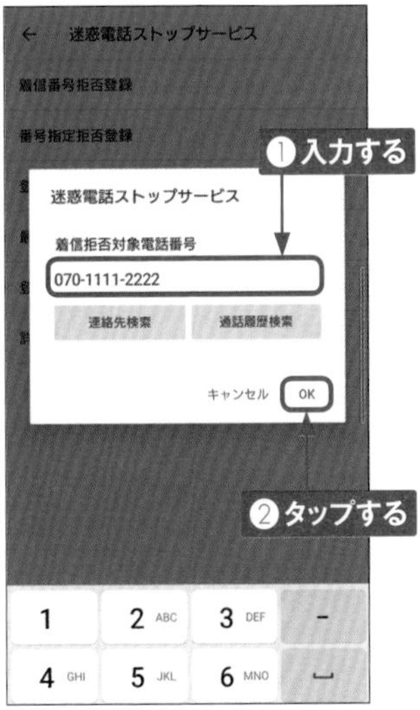

7 <OK>をタップします。

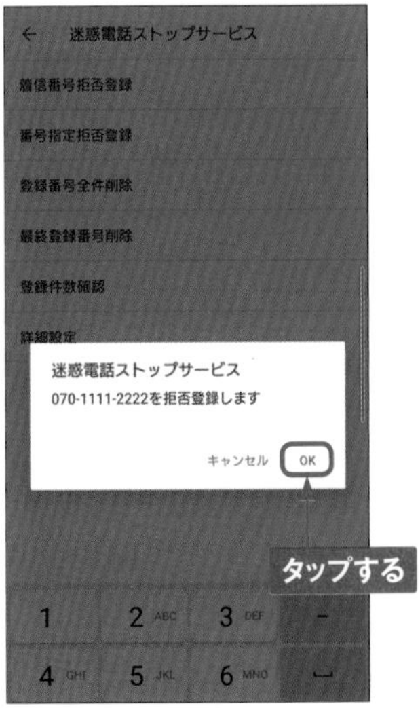

8 手順⑥で入力した電話番号が登録されます。<OK>をタップします。

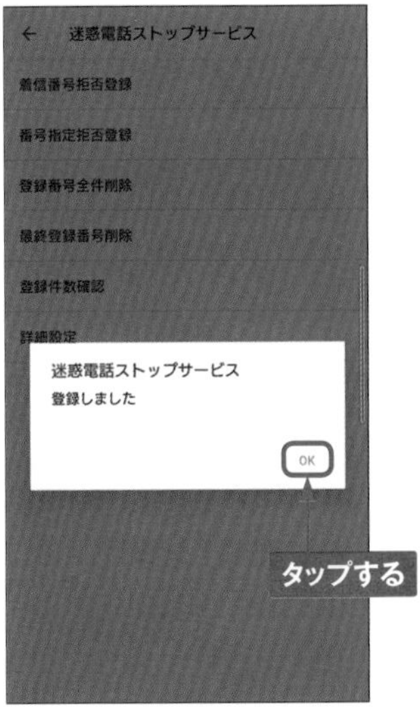

iPhoneで迷惑電話ストップサービスを設定する

① ホーム画面でをタップします。

② 画面下部のをタップします。

③ <My docomo（お客様サポート）>をタップします。

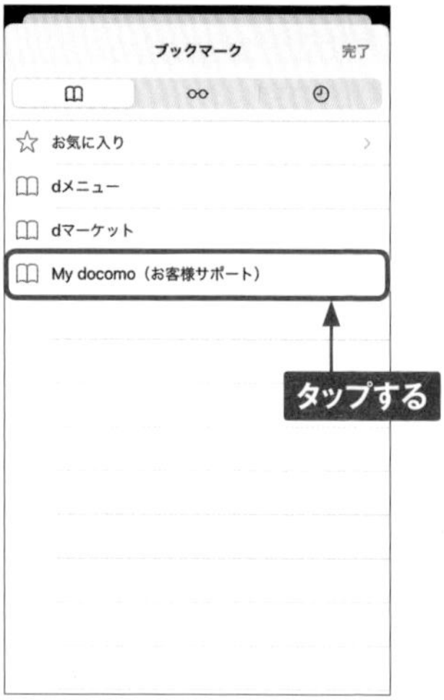

④ <設定（メール等）>をタップします。

5 ＜迷惑電話ストップサービス＞をタップします。

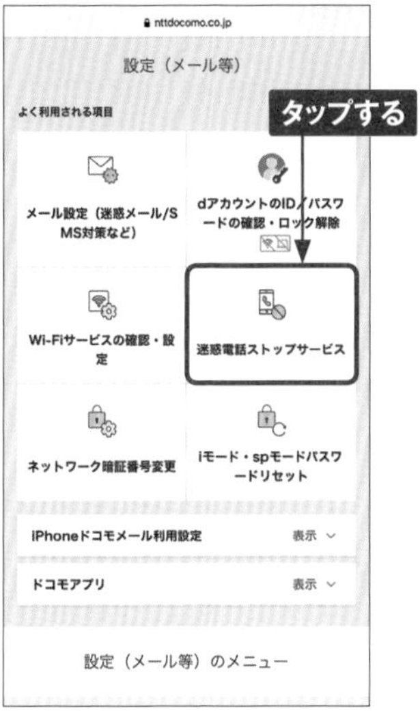

6 ＜番号を指定して登録＞をタップします。

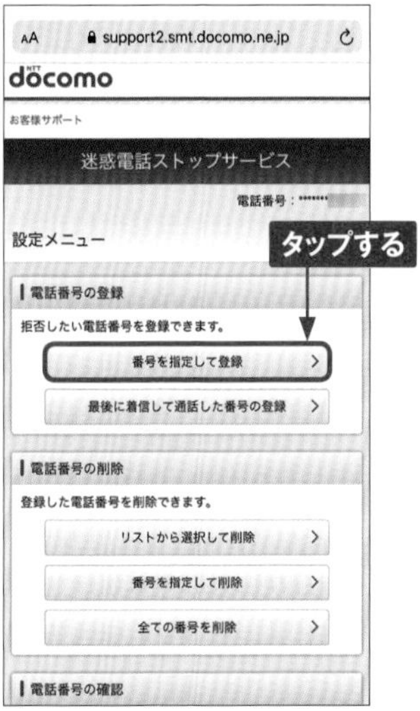

7 拒否したい電話番号を入力し、＜確認する＞をタップします。

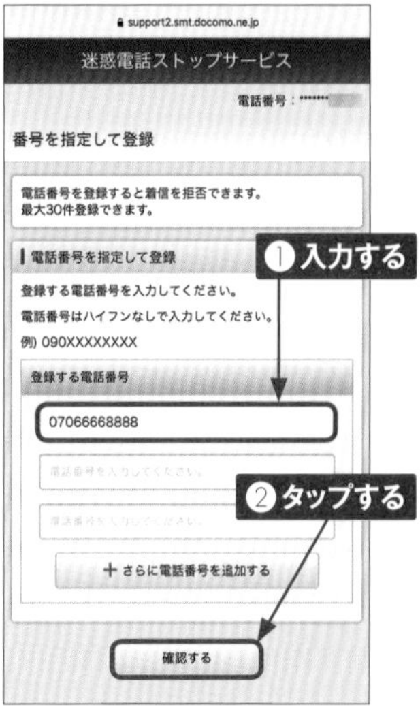

8 ＜設定を確定する＞をタップします。

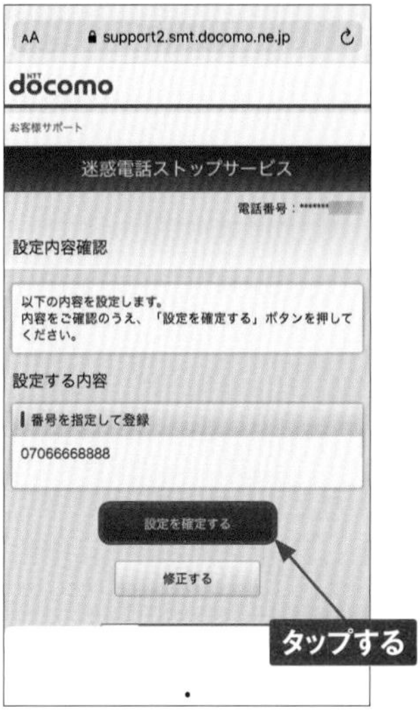

Section 15 Android iPhone

呼び出し音が音楽になる メロディコールを利用する

メロディコールを利用すると、電話がかかってきたときの呼び出し音を好きな音楽などに変更し、自由に設定することができます。初回の申込み時、31日間は無料で使用することができます。

Androidでメロディコールを申し込む

① アプリ一覧画面で<My docomo>をタップします。

② <設定（メール等）>をタップします。

③ <メロディコール>→<設定を確認・変更する>の順にタップします。

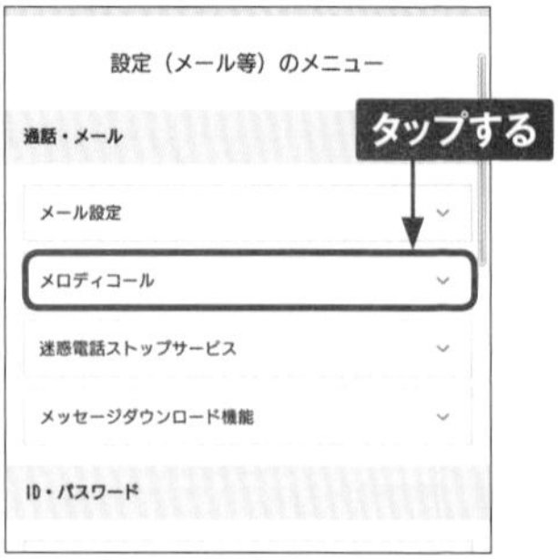

④ ここでは、<Webでお申込み>をタップします。

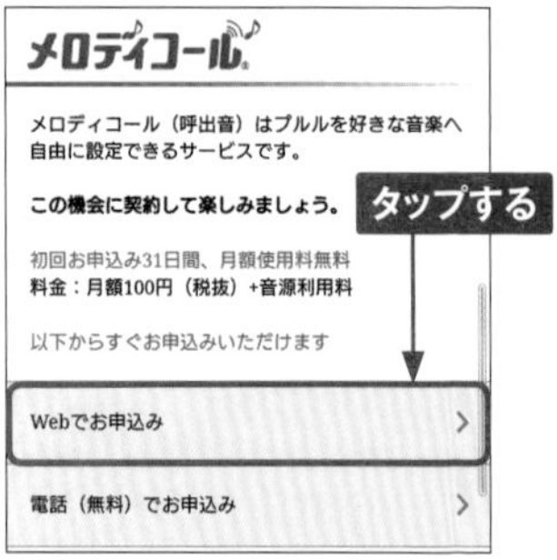

5 利用規約と注意事項の内容を確認し、チェックボックスをタップしてチェックを付けたら、<申込みを完了する>をタップします。

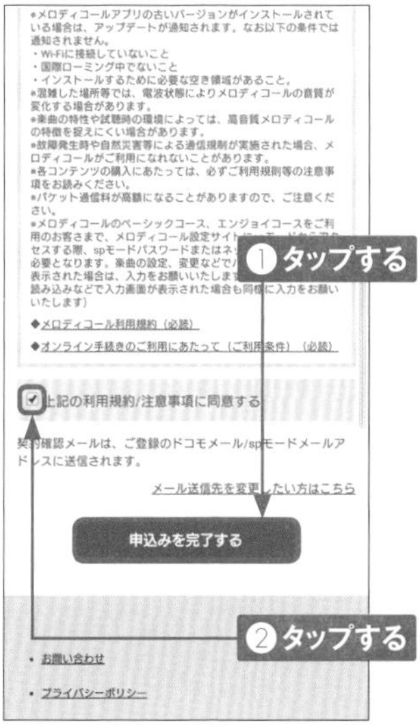

6 <申込みを完了する>をタップします。

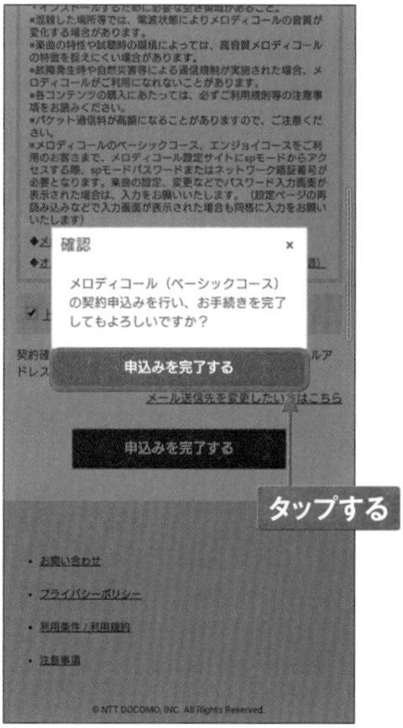

MEMO iPhoneでメロディコールを申し込む

iPhoneでメロディコールを利用したい場合は、以下の手順で設定を行います。ホーム画面でをタップし、画面下部のをタップします。<My docomo（お客様サポート）>をタップすると、Webサイトが開きます。P.46手順②以降を参考に、メロディコールの設定を行います。

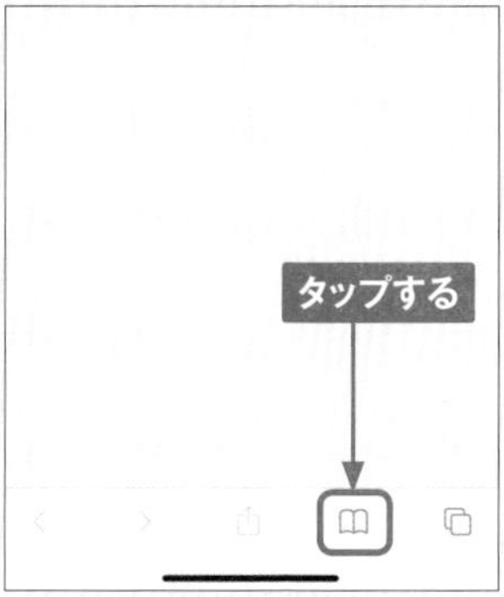

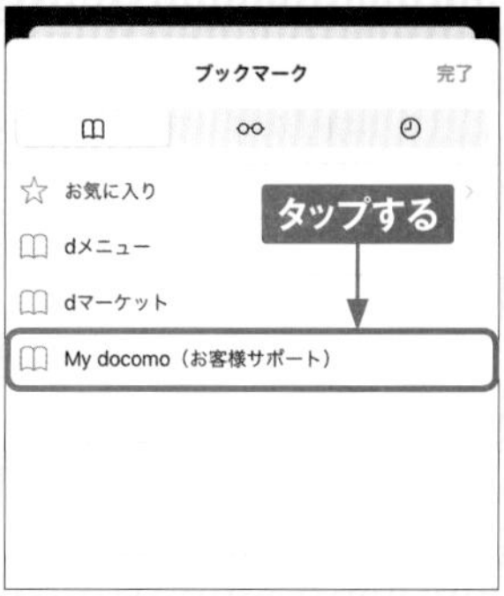

Section 16 Android iPhone

海外でドコモのスマホを利用する

海外でドコモのスマートフォンを利用する場合は、国際ローミングサービス「WORLD WING」の申し込みが必要です。また、「海外1dayパケ」などもあわせて利用すると便利です。

ドコモのスマホを海外で利用するには

ドコモのスマートフォンを海外で利用するには、「WORLD WING」の申し込みをする必要があります。「WORLD WING」に申し込めば、いつも日本で使っている電話番号・メールアドレスを海外でも使用することができます。しかし、海外では日本での料金体系が適用されず、通信料が高額になってしまう場合があります。それを防ぐために、「パケットパック海外オプション」や「海外パケ・ホーダイ」を利用しましょう。「パケットパック海外オプション」では1時間200円、24時間980円などの使い方に合わせ定額プランを利用できます。時間が過ぎれば自動で利用が終了されるので、使いすぎの心配もなく安心です。「海外パケ・ホーダイ」では1日最大2,980円でデータ量を気にせず、利用することができます。

海外利用のサービスは、＜My docomo＞→＜契約内容・手続き＞→＜海外でつかう（WORLD WING）＞で確認できます。

「WORLD WING」や「パケットパック海外オプション」、「海外パケ・ホーダイ」の契約は、＜My docomo＞から行います。

海外で利用できるサービス

●WORLD WING

ドコモが提供する国際ローミングサービスです。日本国内で利用しているスマホを、電話番号やメールアドレスはそのままに海外でも利用できます。なお、渡航前に必ず申し込みが必要です。また、対応機種や利用可能な国もあわせて確認しましょう。

●WORLD WING Wi-Fi

「海外パケ・ホーダイ」利用時に海外のWi-Fiスポットでインターネットに接続できるサービスです。なお、渡航前に必ず申し込みが必要です。また、対応機種や利用可能な国もあわせて確認しましょう。

●パケットパック海外オプション

日本で契約しているデータプランのデータ量を海外でも利用できるサービスです。1時間200円からと手軽に利用できます。現地で利用開始のための操作が必要です（P.50～51参照）。なお、契約しているデータプランのデータ量を使い切ると、通信速度が低下します。

事前の申し込み	必要 「WORLD WING」の契約も必要
料金	200円～5,280円
利用の単位	1時間～7日間
利用開始操作	ドコモ海外利用アプリまたはWeb画面で＜利用開始＞をタップする
通信速度制限	あり
対応エリア	200以上の国と地域

●海外パケ・ホーダイ

1日あたり、上限額2,980円で利用できるパケットサービスです。事前の申し込みは不要で、海外でデータ通信を利用すると、自動的に適用されます。利用データ量に制限はなく、いくら使っても通信速度は低下しません。なお、「パケットパック海外オプション」を契約している場合は利用できません。

事前の申し込み	不要 「WORLD WING」の契約と国内のパケットプランの契約が必要
料金	0円～2,980円（20万パケットまでは1,980円）
利用の単位	日本時間0時～23時59分59秒
利用開始操作	不要
通信速度制限	なし
対応エリア	105の国と地域

「ドコモ海外利用」アプリを利用する（Android）

1 事前に「パケットパック海外オプション」を申し込んだうえで、「ドコモ海外利用」アプリをインストールしておきます。現地で＜ドコモ海外利用＞をタップします。

2 「アプリケーション・プライバシーポリシー」を確認し、チェックボックスをタップしてチェックを付け、＜OK＞をタップします。

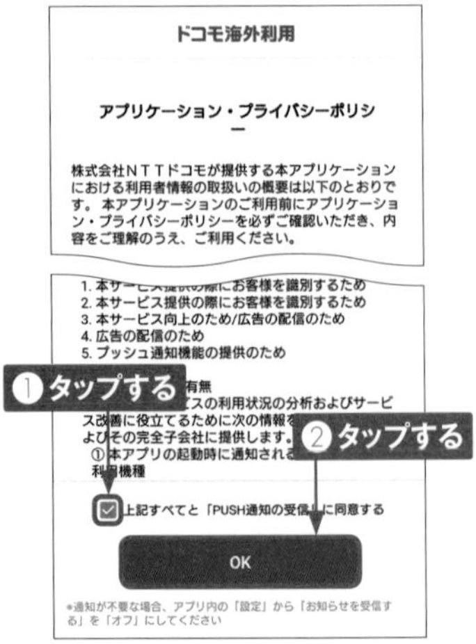

3 渡航先では、アプリ起動後、各プランと＜利用開始＞ボタンが表示されます。＜海外での利用方法＞をタップします。

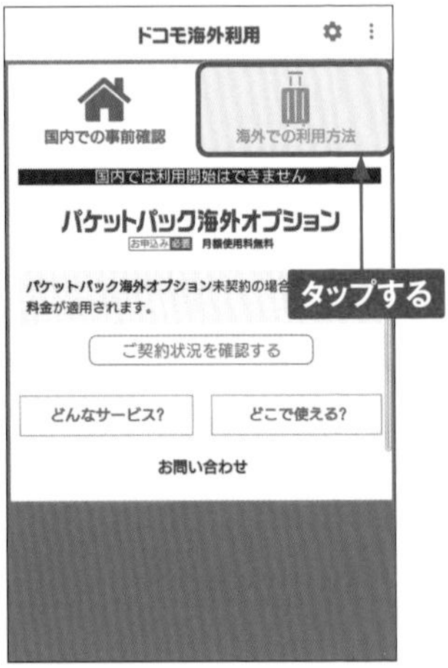

4 「パケットパック海外オプション」の利用手順が表示されます。

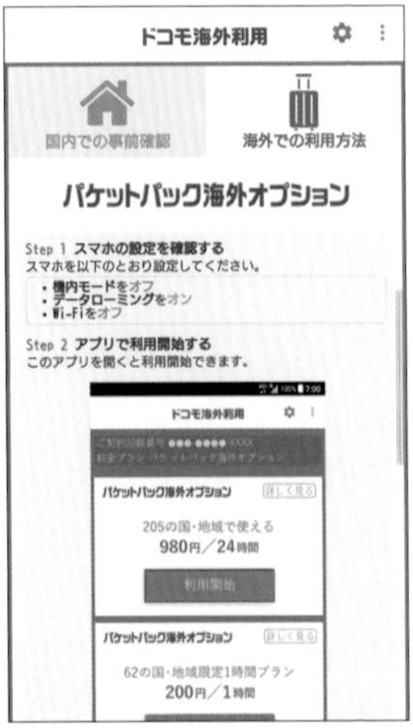

5 をタップします。

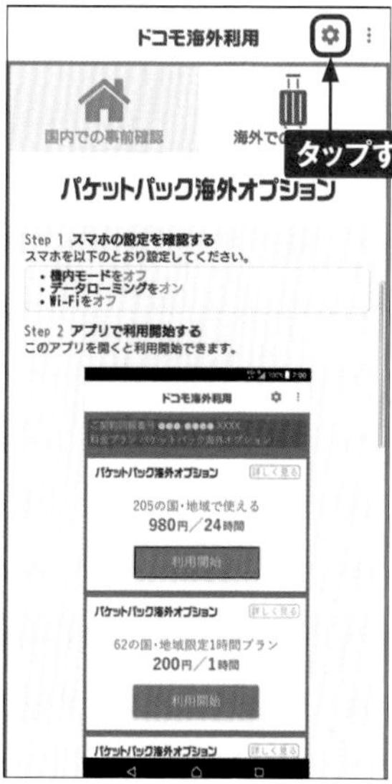

6 <データローミング>→<OK>の順にタップします。なお、「モバイルデータ」がオンになっていることも確認します。

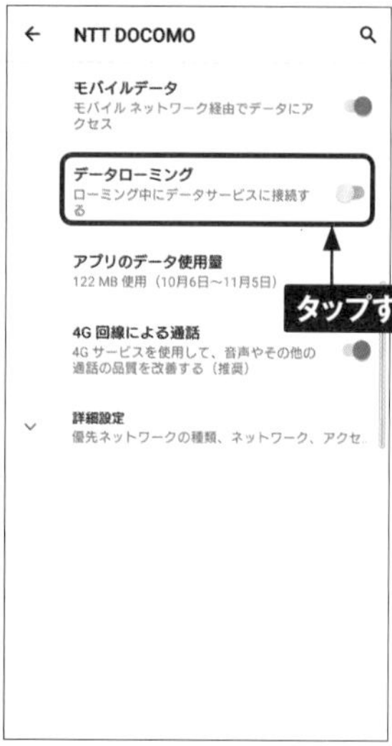

MEMO iPhoneで「ドコモ海外利用」アプリを開始を利用する

iPhoneを海外で利用したい場合は、以下の手順で利用を開始します。
あらかじめ「ドコモ海外利用アプリ」をインストールしておき、現地で<ドコモ海外利用>をタップします。<規約に同意して利用を開始>→<海外での利用方法>の順にタップし、「パケットパック海外オプション」の利用手順を確認しましょう。なお、渡航先では、アプリ起動後、各プランと<利用開始>ボタンが表示されます。
ホーム画面で<設定>→<モバイル通信>→<通信のオプション>の順にタップします。「データローミング」のをタップしてにすると、設定が完了します。

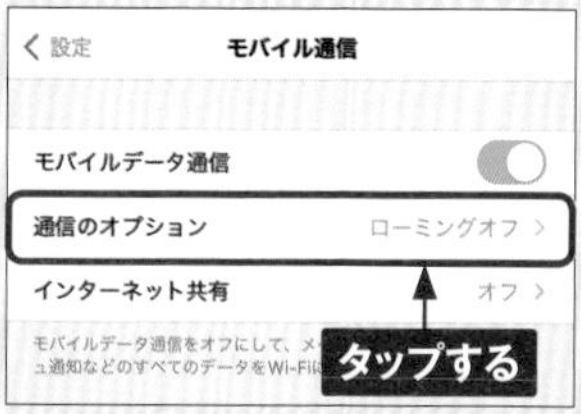

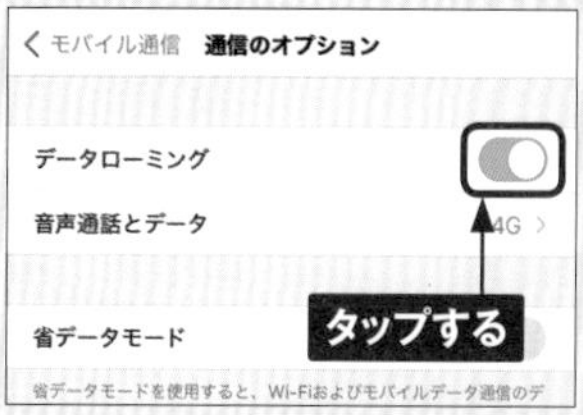

ドコモメールを設定する

ドコモメールとは、ドコモが提供するメールサービスです。ここでは、Androidでのドコモメールの初期設定方法を解説しますが、すでに設定を行っている場合は、ここでの操作は必要ありません。

Androidにドコモメールをインストールする

1 ホーム画面でをタップします。

2 <アップデート>をタップします。「確認」画面が表示されたら、<同意する>をタップします。

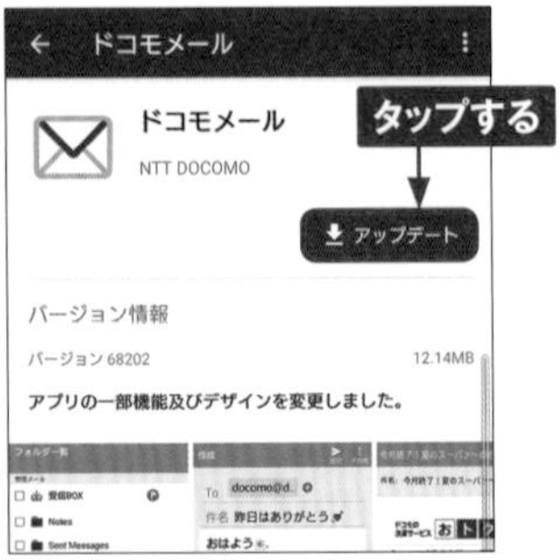

3 アップデートの完了後、<アプリ起動>をタップします。

4 アクセスの許可を求められます。画面の指示に従って進みます。

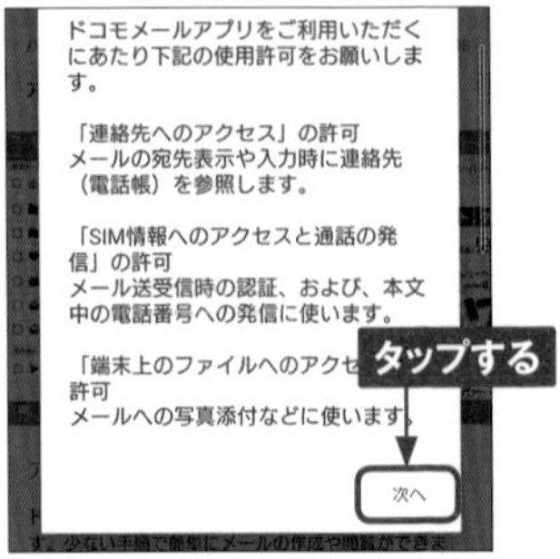

5 ドコモメールのアプリケーションポリシーが表示されるので、画面を上方向にスワイプして内容を確認し、チェックボックスをタップしてチェックを付け、<利用開始>をタップします。

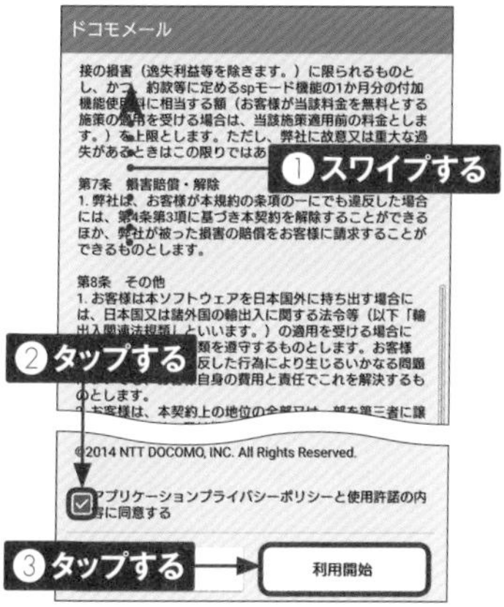

ドコモメール
接の損害（逸失利益等を除きます。）に限られるものと
し、かつ、約款等に定めるspモード機能の1か月分の付加
機能使用料に相当する額（お客様が当該料金を無料とする
施策の適用を受ける場合は、当該施策適用前の料金としま
す。）を上限とします。ただし、弊社に故意又は重大な過
第7条　損害賠償・解除
1. 弊社は、お客様が本規約の条項の一にでも違反した場合
には、第4条第3項に基づき本契約を解除することができる
ほか、弊社が被った損害の賠償をお客様に請求することが
できるものとします。
第8条　その他
1. お客様は本ソフトウェアを日本国外に持ち出す場合に
は、日本国又は諸外国の輸出入に関する法令等（以下「輸
©2014 NTT DOCOMO, INC. All Rights Reserved.
アプリケーションプライバシーポリシーと使用許諾の内容に同意する
利用開始
①スワイプする
②タップする
③タップする

6 「ドコモメールアプリ更新情報」画面が表示されたら、画面を上方向にスワイプし、<閉じる>をタップします。

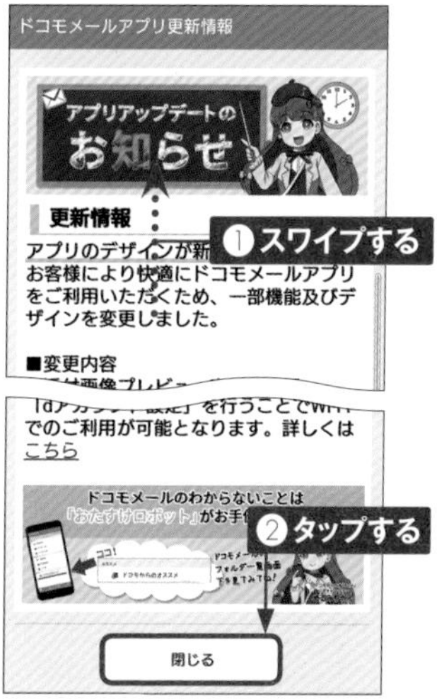

ドコモメールアプリ更新情報
アプリアップデートのお知らせ
更新情報
お客様により快適にドコモメールアプリ
をご利用いただくため、一部機能及びデ
ザインを変更しました。
■変更内容
でのご利用が可能となります。詳しくは
こちら
ドコモメールのわからないことは
閉じる
①スワイプする
②タップする

7 「文字サイズ設定」画面が表示されたら、<OK>をタップします。

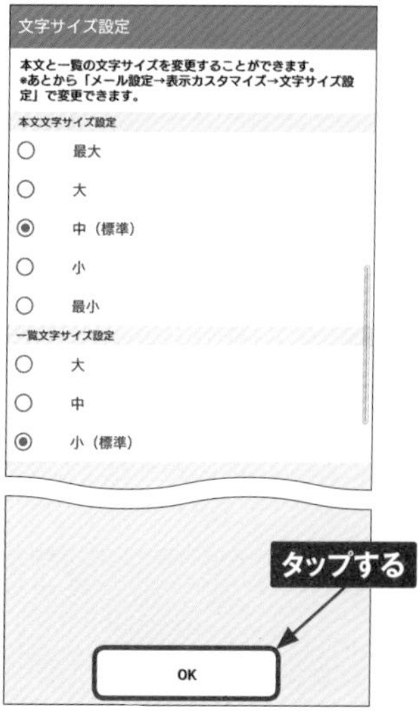

文字サイズ設定
本文と一覧の文字サイズを変更することができます。
※あとから「メール設定→表示カスタマイズ→文字サイズ設定」で変更できます。
本文文字サイズ設定
最大
大
中（標準）
小
最小
一覧文字サイズ設定
大
中
小（標準）
OK
タップする

8 「フォルダ一覧」画面が表示され、ドコモメールが利用できるようになります。

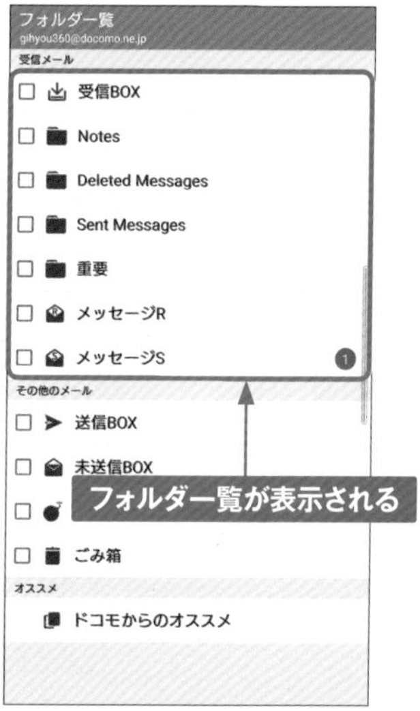

フォルダ一覧
gihyou360@docomo.ne.jp
受信メール
受信BOX
Notes
Deleted Messages
Sent Messages
重要
メッセージR
メッセージS
その他のメール
送信BOX
未送信BOX
ごみ箱
オススメ
ドコモからのオススメ
フォルダ一覧が表示される

Section 18 **Android** **iPhone**

ドコモメールのアドレスを変更する

ドコモメールに設定したメールアドレスは、かんたんな手順で変更することができます。また、メールアドレスの引き継ぎも可能です。なお、メールアドレスの変更は、1日3回、月10回まででです。

Androidでドコモメールのアドレスを変更する

1 ホーム画面でをタップします。

2 「フォルダ一覧」画面が表示されます。画面右下の<その他>をタップします。

3 <メール設定>をタップします。

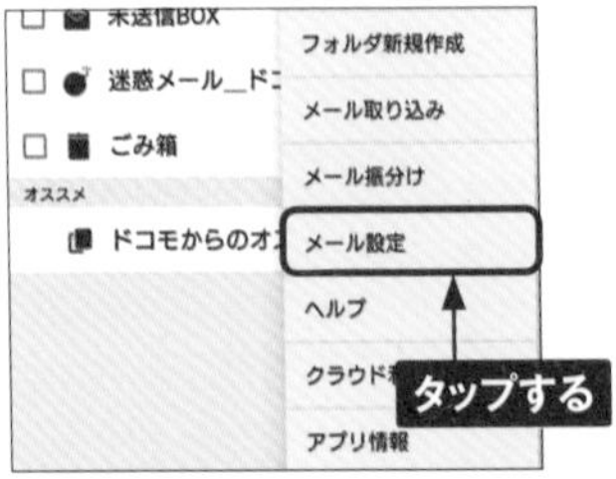

4 <ドコモメール設定サイト>をタップします。

5 「パスワード確認」画面が表示されたら、spモードのパスワードを入力して、<spモードパスワード確認>をタップします。

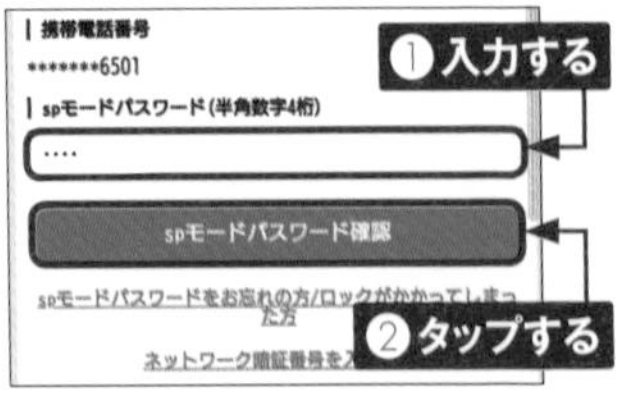

6 パスワードの保存画面が表示されたら、<使用しない>をタップします。「メール設定」画面で<メールアドレスの変更>をタップします。

7 メールアドレスの変更方法（ここでは＜自分で希望するアドレスに変更する＞）をタップします。

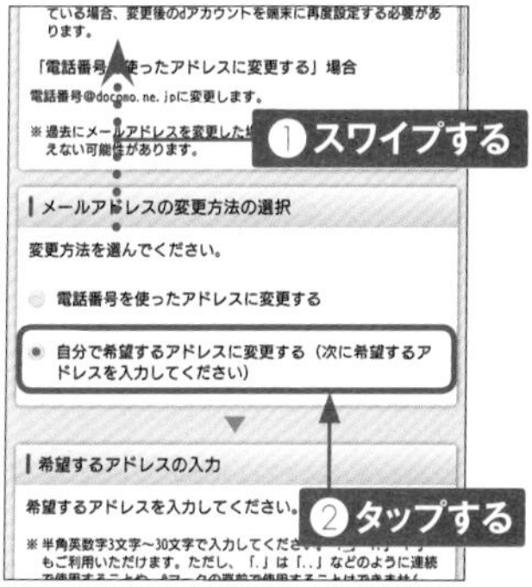

8 希望するメールアドレスを入力し、＜確認する＞をタップします。

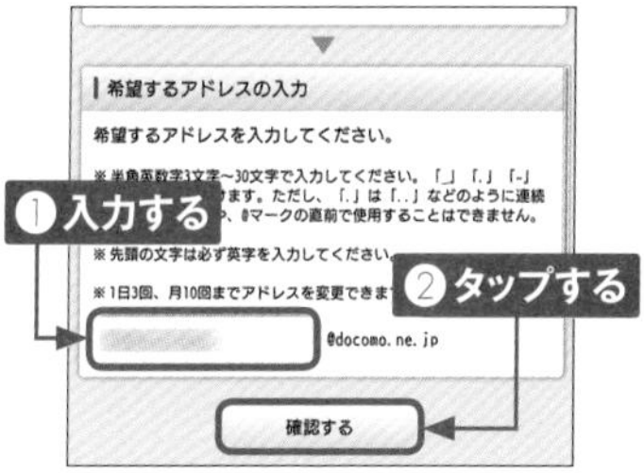

9 ＜設定を確定する＞をタップします。なお、＜修正する＞をタップすると、手順⑧の画面でアドレスを修正して入力できます。

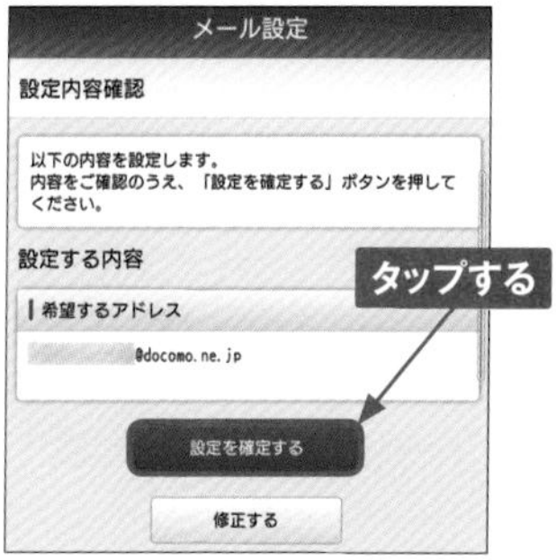

10 メールアドレスの変更が完了します。

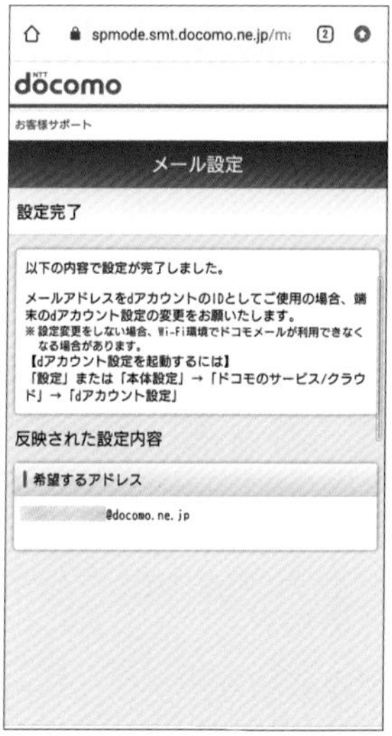

MEMO メールアドレスを引き継ぐには

すでに利用しているdocomo.ne.jpのメールアドレスがある場合は、同じメールアドレスを引き続き使用することができます。P.56手順①～⑤を参考に「メール設定」画面を表示し、＜メールアドレスの入替え＞をタップして、画面の指示に従って設定を進めましょう。

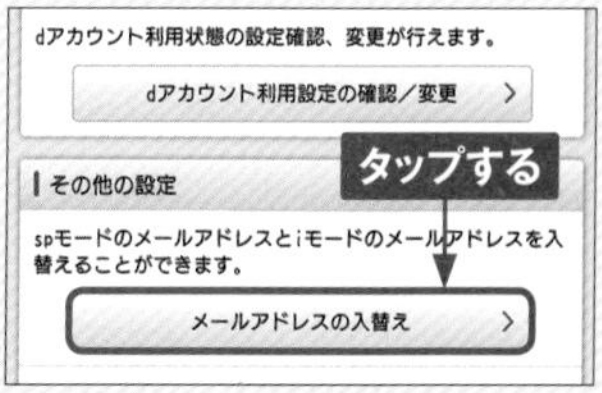

iPhoneでドコモメールのアドレスを変更する

① ホーム画面でをタップします。

② をタップします。

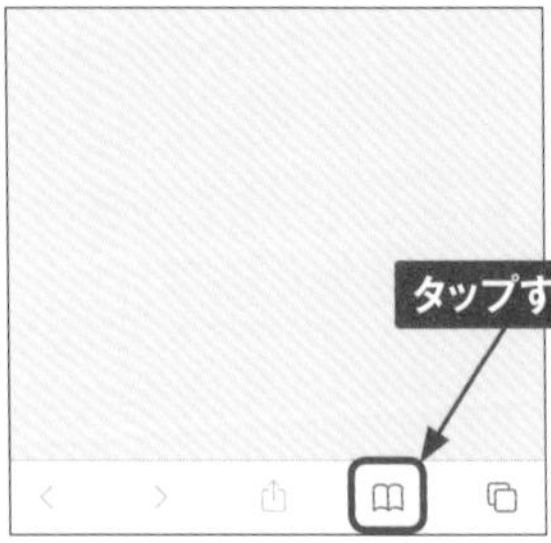

③ <My docomo（お客様サポート）>をタップします。

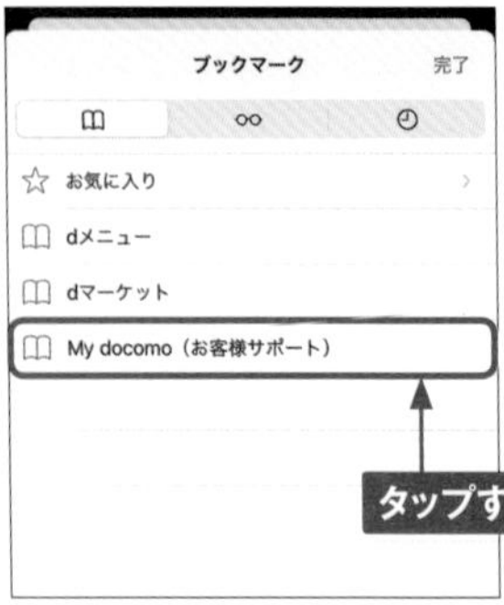

④ <設定（メール等）>をタップします。

⑤ <メール設定（迷惑メール／SMS対策など）>をタップします。

6 ＜メールアドレスの変更＞をタップします。

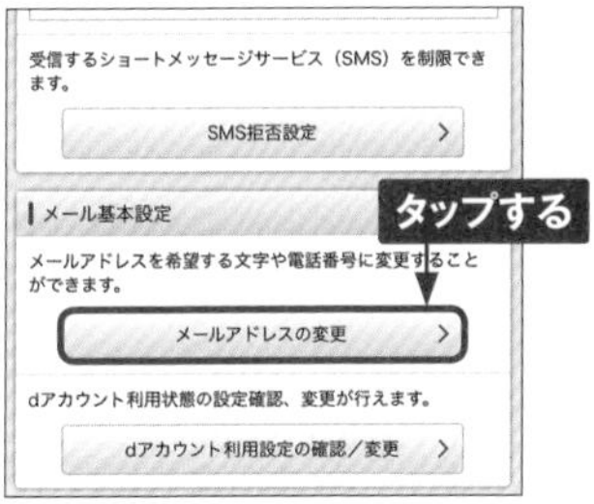

7 ＜継続する＞をタップして、＜次へ＞をタップします。

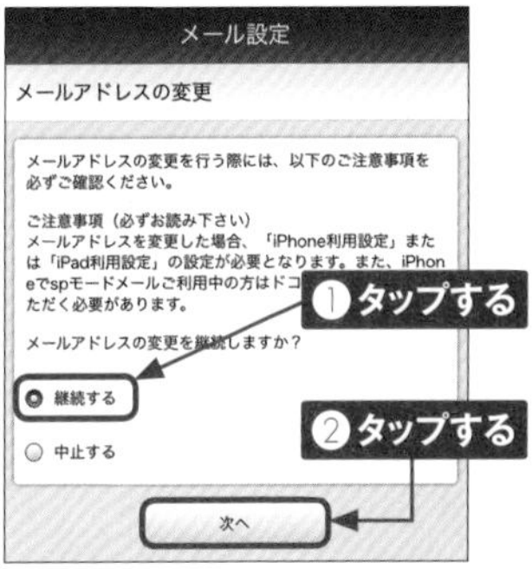

8 メールアドレスの変更方法（ここでは＜自分で希望するアドレスに変更する＞）をタップします。希望するアドレスを入力し、＜確認する＞をタップします。

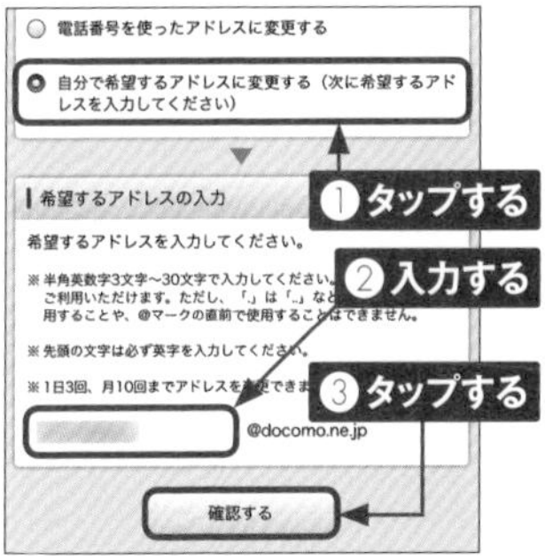

9 ＜設定を確定する＞をタップします。なお、＜修正する＞をタップすると、手順⑧の画面でアドレスを修正して入力できます。

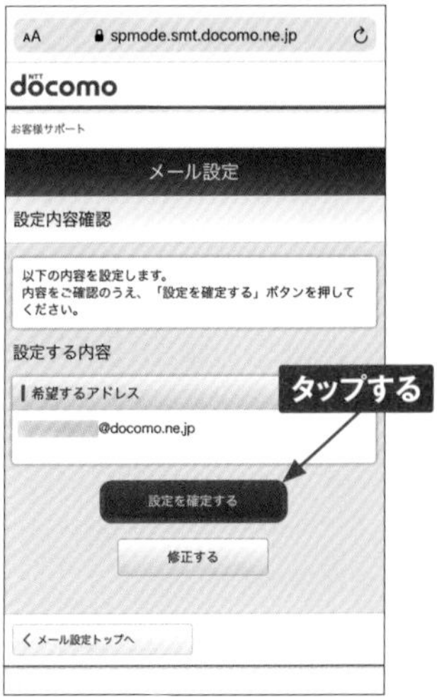

10 メールアドレスの変更が完了します。＜次へ＞をタップして、プロファイルのインストールを行います。

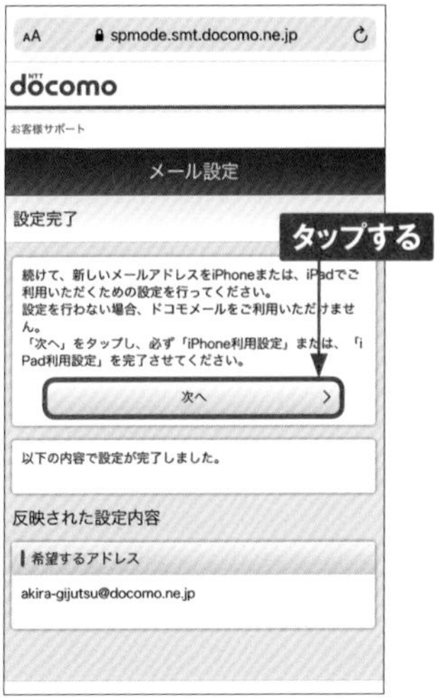

「ドコモメール」アプリを使いやすくカスタマイズする

「ドコモメール」アプリは、送受信したメールを自動的に任意のフォルダへ振分けることができます。ここでは、振分けのルールの作成手順を解説します。

メールを自動振分けする

① 「フォルダ一覧」画面で、画面右下の<その他>→<メール振分け>の順にタップします。

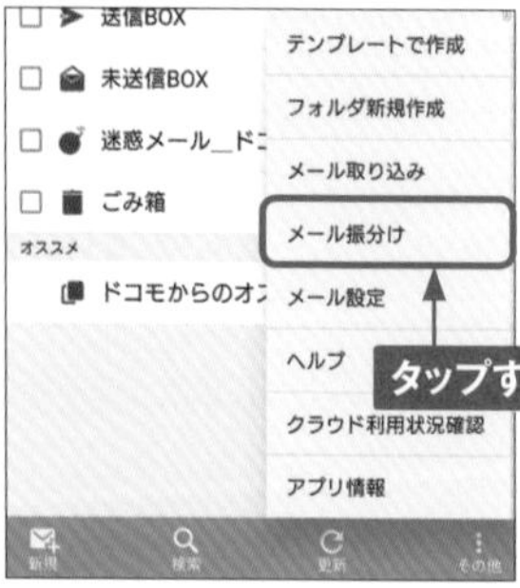

② 「振分けルール」画面が表示されるので、<新規ルール>をタップします。

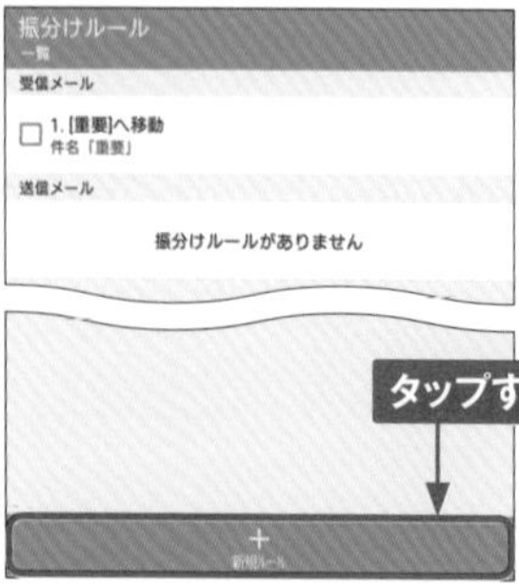

③ <受信メール>または<送信メール>(ここでは<受信メール>)をタップします。

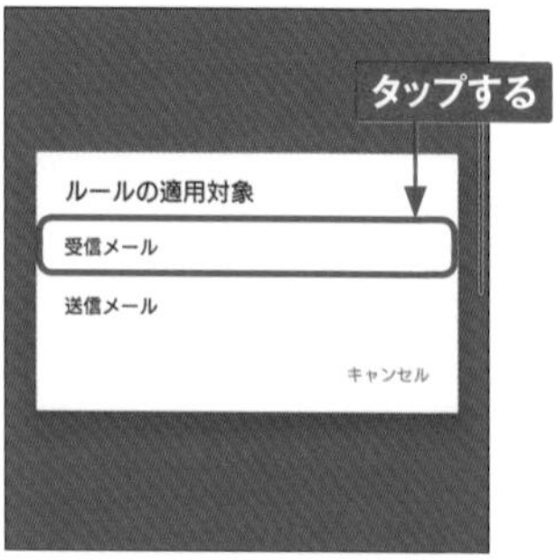

MEMO 振分けルールの作成

ここでは、「『件名』に『重要』というキーワードが含まれるメールを受信したら、自動的に『重要』フォルダに移動させる」という振分けルールを作成しています。なお、手順③で<送信メール>をタップすると、送信したメールの振分けルールを作成できます。

4 「振分け条件」の＜新しい条件を追加する＞をタップします。

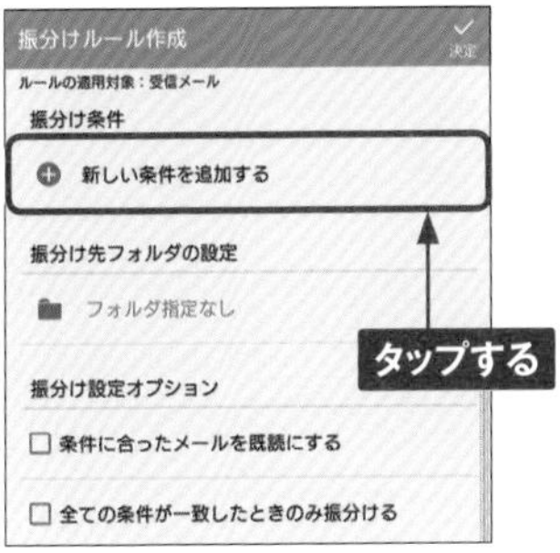

5 「対象項目」のいずれか（ここでは＜件名で振り分ける＞）をタップします。

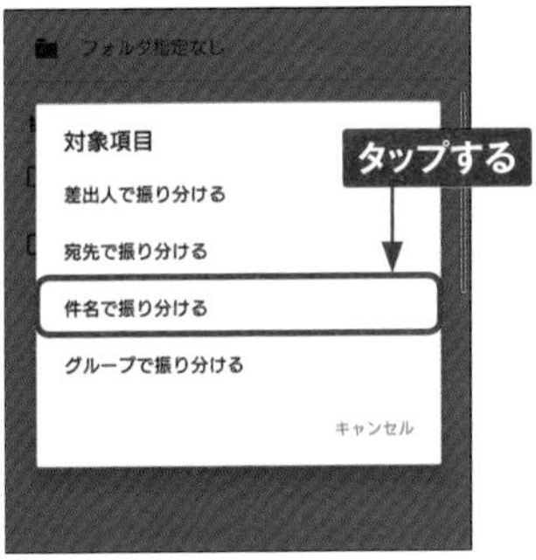

6 任意のキーワード（ここでは「重要」）を入力して、＜決定＞をタップします。

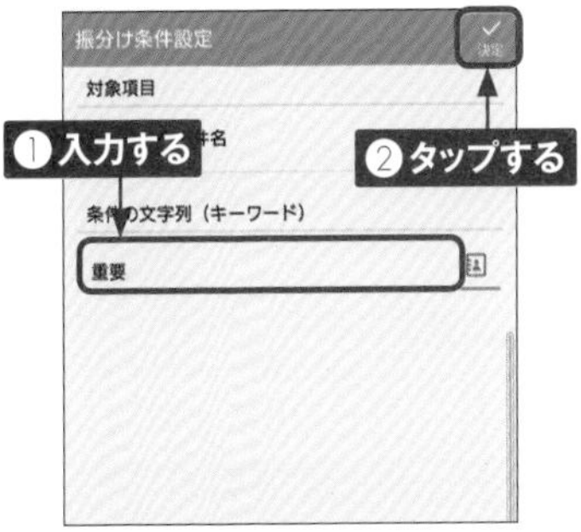

7 ＜フォルダ指定なし＞→＜振分け先フォルダを作る＞の順にタップします。

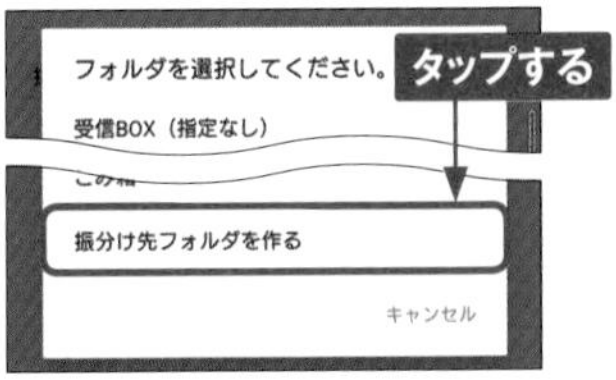

8 フォルダ名を入力し、＜決定＞をタップします。「確認」画面が表示されたら、＜OK＞をタップします。

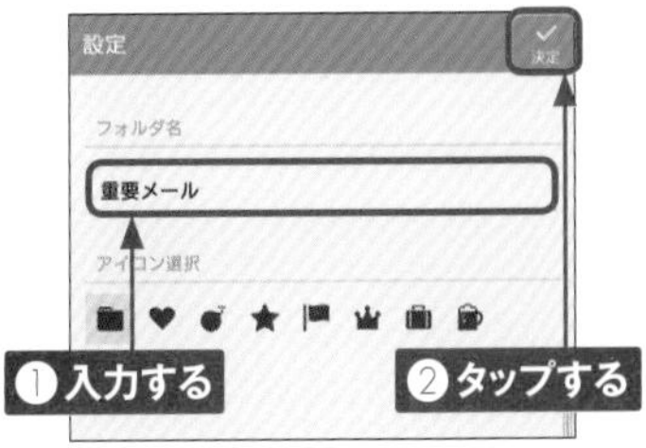

9 ＜決定＞をタップします。

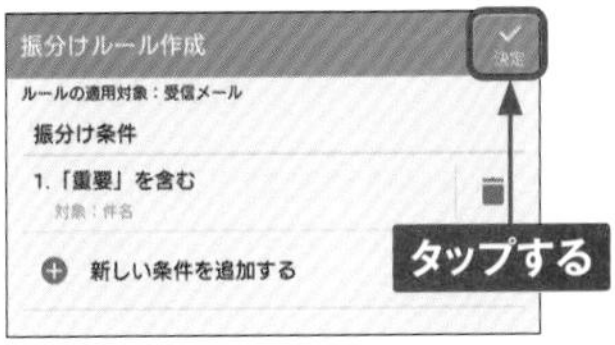

10 振分けルールが新規登録されます。

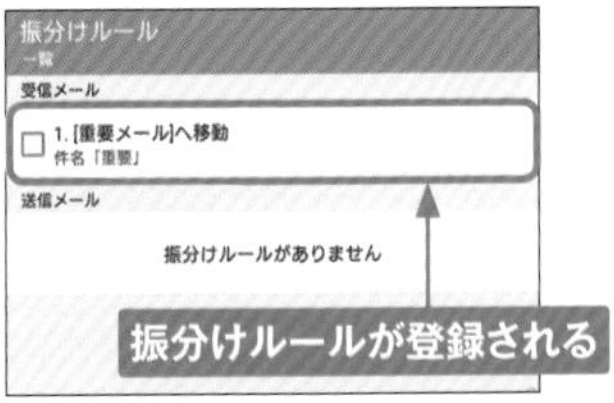

2

「ドコモメール」アプリの背景などをきせかえる

「ドコモメール」アプリでは、テーマを選んで、「ドコモメール」アプリの背景やアイコンなどをきせかえることができます。テーマファイルは、無料でダウンロードしたり、購入したりすることができます。

きせかえテーマを設定する

1 ホーム画面で をタップします。

2 「フォルダ一覧」画面で、画面右下の<その他>→<メール設定>の順にタップします。

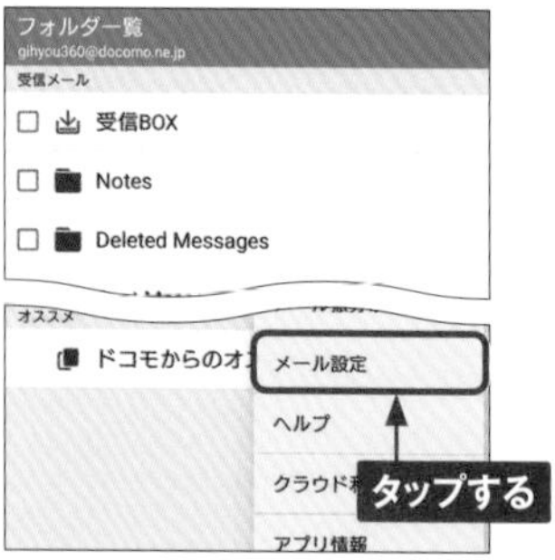

3 <表示カスタマイズ>→<きせかえテーマ>の順にタップします。

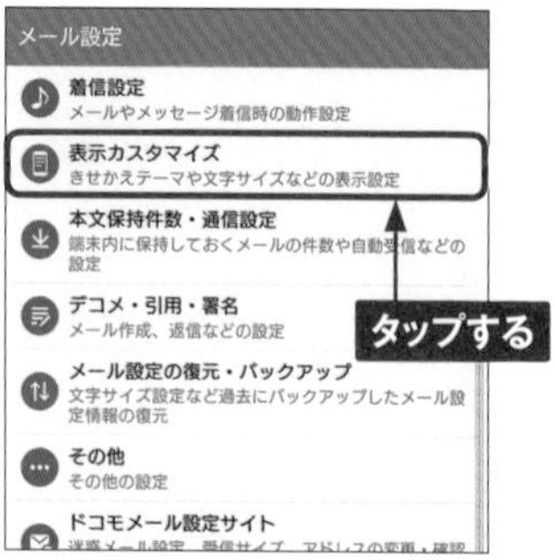

4 無料ダウンロードや購入したきせかえテーマが表示されます。無料のテーマはP.61手順⑨～⑩を参考に設定します。テーマを購入する場合は、<テーマサイトへ>をタップします。

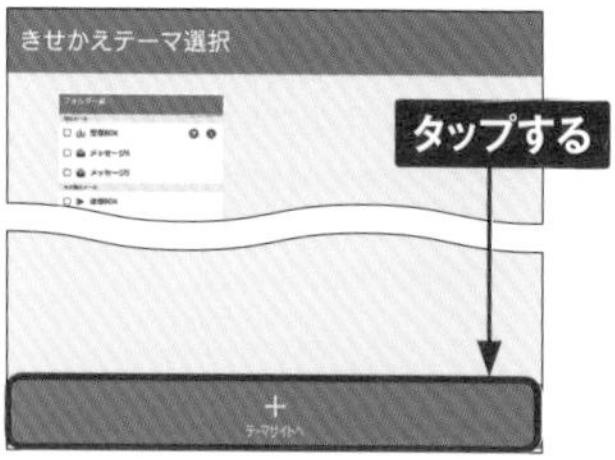

5 任意のきせかえテーマをタップします。

6 <dアカウントでログイン>→<マイメニュー登録する>の順にタップし、画面の指示に従い進みます。

7 <作品ページへ戻る>をタップし、<ポイントで購入>→<ポイントで購入>の順にタップします。

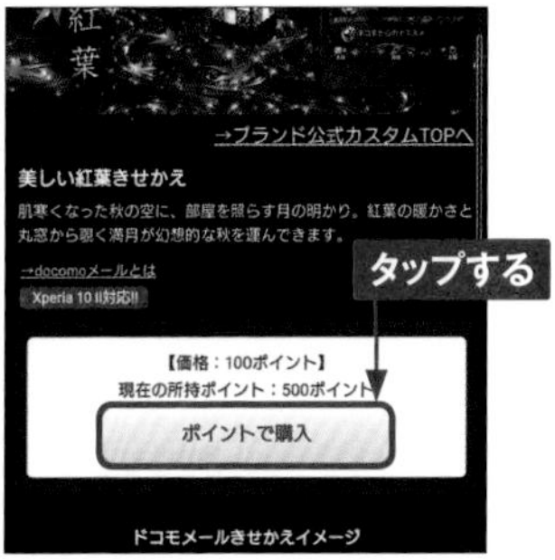

8 <ドコモメールダウンロード>をタップします。

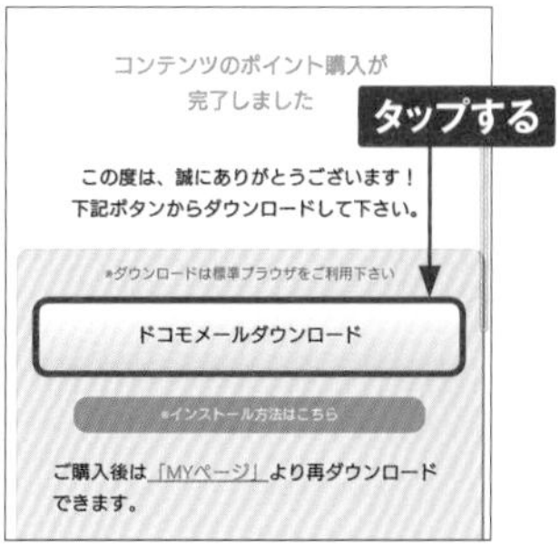

9 P.60手順④の画面を表示し、任意のきせかえテーマをタップします。

10 <決定>→<OK>の順にタップします。

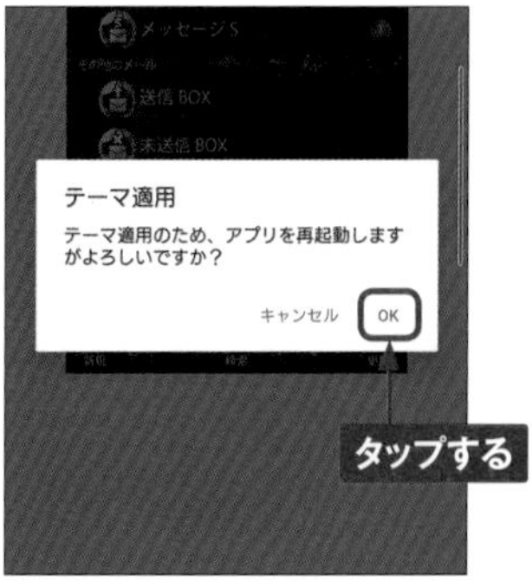

Section 21 Android iPhone

テンプレートやデコメのメールを送る

「ドコモメール」アプリでは、テンプレートでメールを送ることができます。また、デコメを利用して、メールの文字や背景に動きがつけられます。デコメをダウンロードすることもできます。

テンプレートを利用する

1 ホーム画面でをタップし、画面左下の<新規>をタップします。

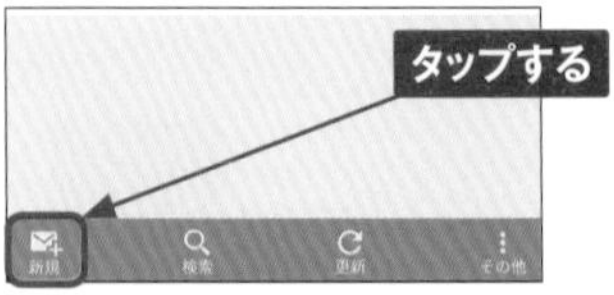

2 宛先を入力し、画面右上の<その他>をタップします。

3 <テンプレート>をタップします。

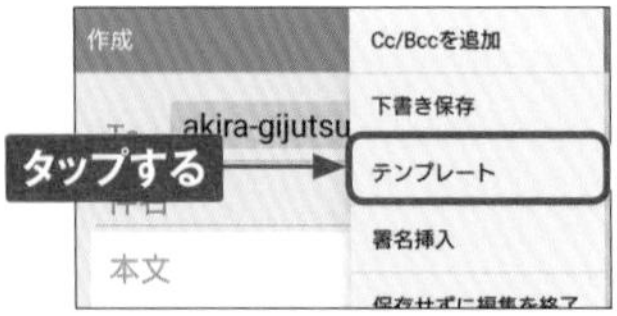

4 <テンプレート一覧を表示>→<OK>の順にタップします。

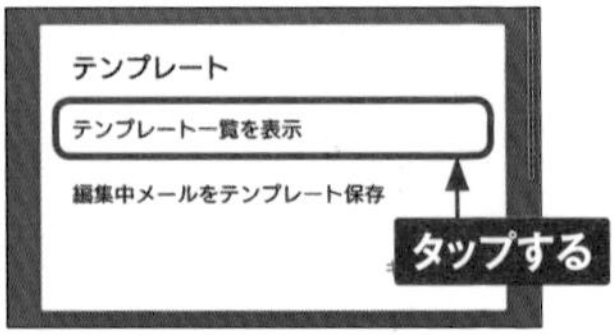

5 テンプレートの一覧が表示されます。任意のテンプレートをタップし、次の画面で<決定>をタップします。

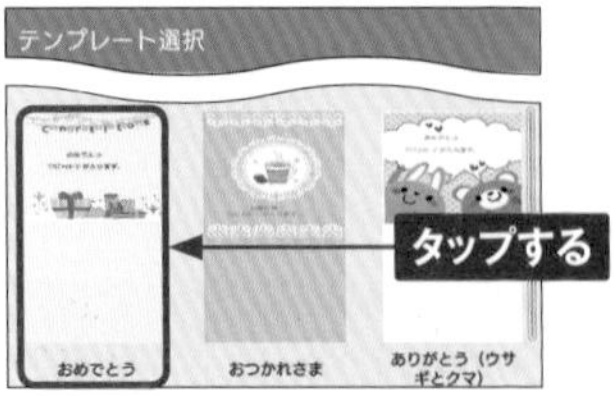

6 テンプレートに本文を入力し、<送信>をタップして送信します。

デコメを利用する

1 ホーム画面で をタップし、画面左下の<新規>をタップします。

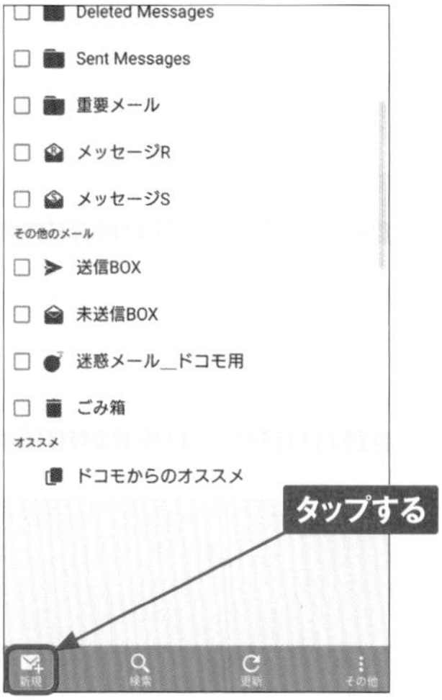

2 宛先を入力し、「本文」をタップして本文を入力します。<デコメ>をタップします。

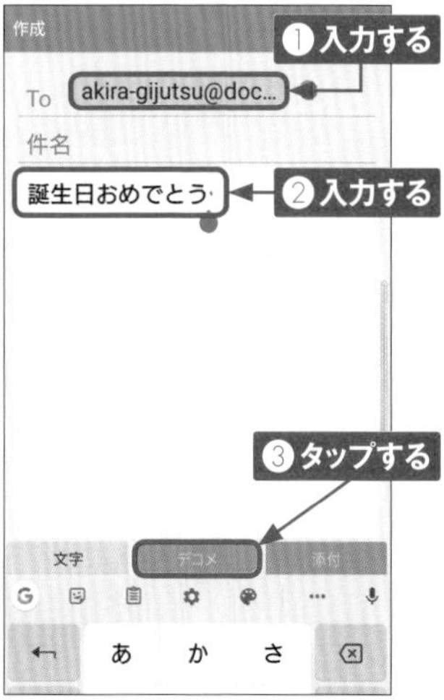

3 デコメの一覧が表示されます。<>をタップしてデコメを探し、メールに添付したいデコメをタップします。

4 デコメが添付されます。<送信>をタップして送信します。

Section 22 Android iPhone

迷惑メールをブロックする

ドコモメールでは、受信したくないメールをドメインやアドレス別に細かく設定し、ブロックすることができます。スパムメールなどの受信を拒否したい場合などに設定しておきましょう。

Androidで迷惑メールフィルターを設定する

① ホーム画面で✉をタップします。

② 画面右下の＜その他＞→＜メール設定＞の順にタップします。

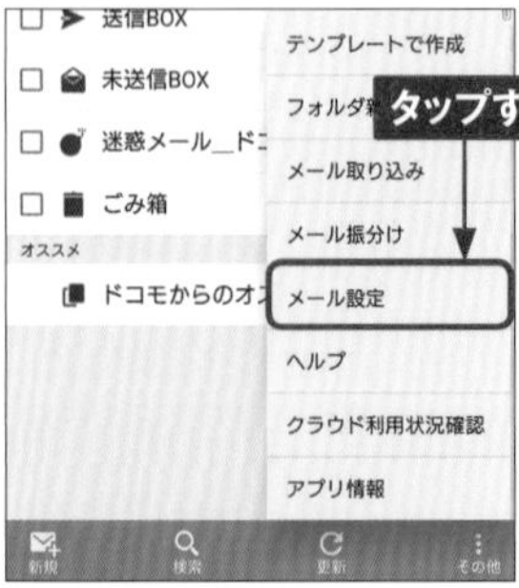

③ ＜ドコモメール設定サイト＞をタップします。

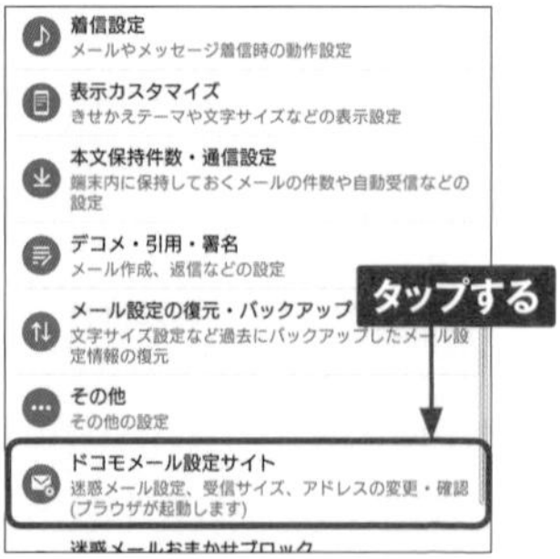

④ 「パスワード確認」画面が表示されたら、spモードパスワードを入力して、＜spモードパスワード確認＞をタップします。

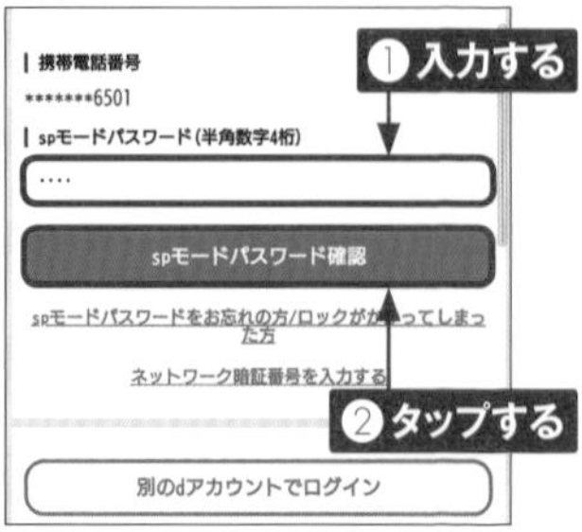

5 「メール設定」画面で<拒否リスト設定>をタップします。

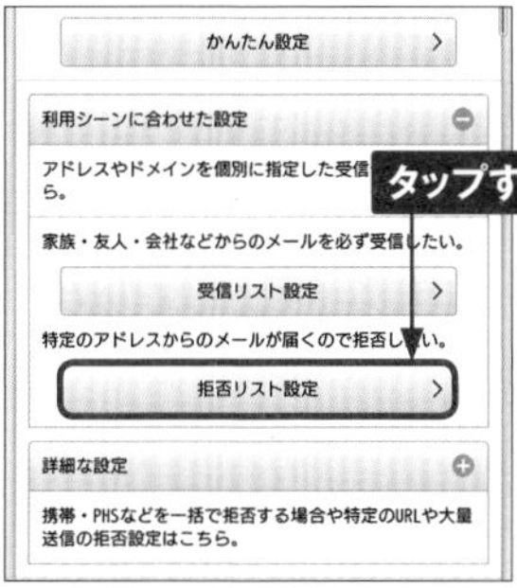
かんたん設定
利用シーンに合わせた設定
アドレスやドメインを個別に指定した受信
ら。
家族・友人・会社などからのメールを必ず受信したい。
受信リスト設定
特定のアドレスからのメールが届くので拒否したい。
拒否リスト設定
詳細な設定
携帯・PHSなどを一括で拒否する場合や特定のURLや大量送信の拒否設定はこちら。
タップする

6 「拒否リスト設定」の<設定を利用する>をタップし、<次へ>をタップします。

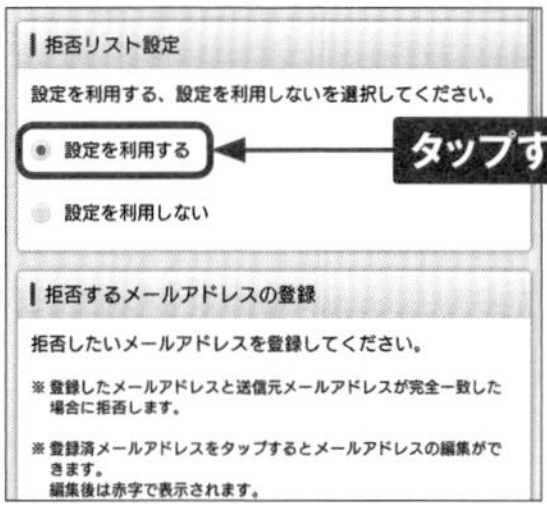
拒否リスト設定
設定を利用する、設定を利用しないを選択してください。
設定を利用する
設定を利用しない
拒否するメールアドレスの登録
拒否したいメールアドレスを登録してください。
※登録したメールアドレスと送信元メールアドレスが完全一致した場合に拒否します。
※登録済メールアドレスをタップするとメールアドレスの編集ができます。
編集後は赤字で表示されます。
タップする

7 ここでは「拒否するメールアドレス」を追加します。<さらに追加する>をタップします。

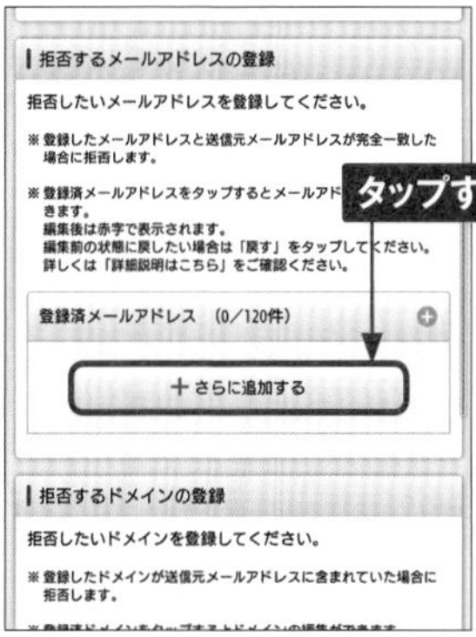
拒否するメールアドレスの登録
拒否したいメールアドレスを登録してください。
※登録したメールアドレスと送信元メールアドレスが完全一致した場合に拒否します。
※登録済メールアドレスをタップするとメールアド
きます。
編集後は赤字で表示されます。
編集前の状態に戻したい場合は「戻す」をタップしてください。
詳しくは「詳細説明はこちら」をご確認ください。
登録済メールアドレス (0/120件)
＋さらに追加する
拒否するドメインの登録
拒否したいドメインを登録してください。
※登録したドメインが送信元メールアドレスに含まれていた場合に拒否します。
タップする

8 拒否するメールアドレスを入力し、<確認する>をタップします。

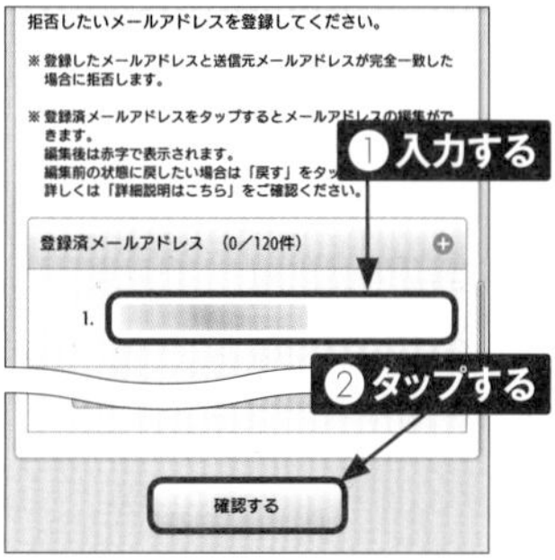
拒否したいメールアドレスを登録してください。
※登録したメールアドレスと送信元メールアドレスが完全一致した場合に拒否します。
きます。
編集後は赤字で表示されます。
詳しくは「詳細説明はこちら」をご確認ください。
登録済メールアドレス (0/120件)
1.
確認する
①入力する
②タップする

9 <設定を確定する>をタップします。

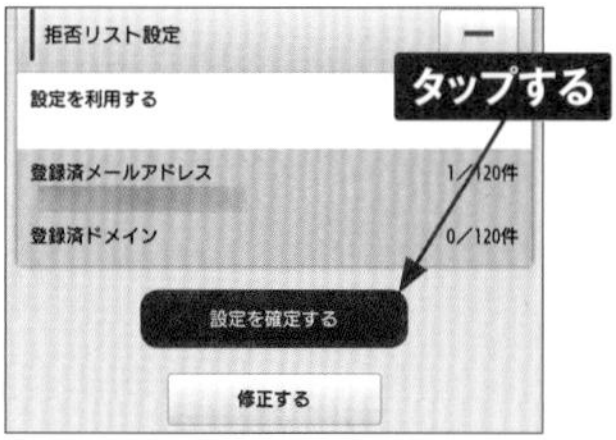
拒否リスト設定
設定を利用する
登録済メールアドレス
登録済ドメイン
0/120件
設定を確定する
修正する
タップする

10 設定が完了します。

docomo
お客様サポート
メール設定
設定完了
以下の内容で設定が完了しました。
反映された設定内容
携帯・PHS/パソコンなどのメール設定
設定を利用する
受信リスト設定
設定を利用する
登録済メールアドレス・ドメイン
1/120件
登録済転送元・メーリングリスト
0/10件

iPhoneで迷惑メールフィルターを設定する

① Wi-Fiをオフにした状態で、ホーム画面でをタップします。

② をタップします。

③ <My docomo（お客様サポート）>をタップします。

④ <設定（メール等）>をタップします。

5 ＜メール設定（迷惑メール／SMS対策など）＞をタップします。

6 「迷惑メール／SMS対策」の＜かんたん設定＞をタップします。

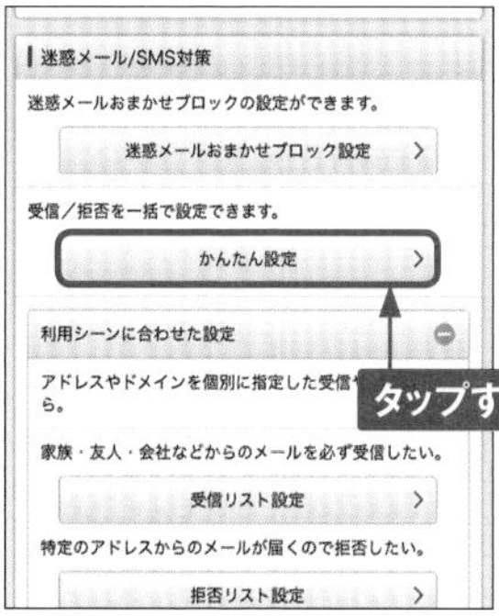

7 ＜受信拒否　強＞もしくは＜受信拒否　弱＞をタップし、＜確認する＞をタップします。ここでは＜受信拒否　弱＞を選択します（MEMO参照）。

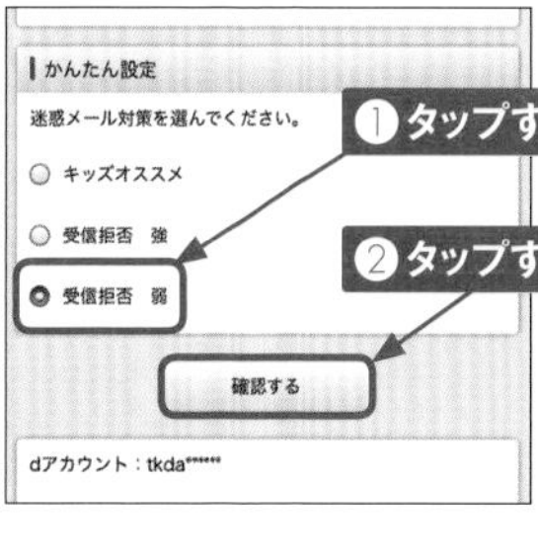

8 ＜設定を確定する＞をタップします。

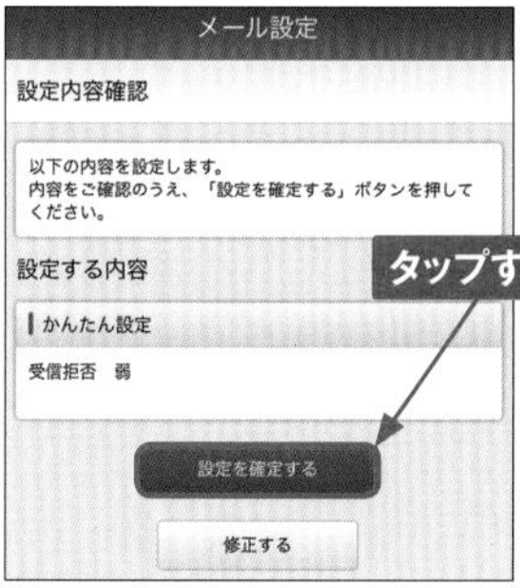

9 設定が完了します。

MEMO

2種類のフィルター設定

「受信拒否　強」もしくは「キッズオススメ」を設定すると、パソコンからのメールが拒否されます。「受信拒否　弱」では、パソコンからのメールは受信しますが、なりすましメールが拒否されます。なお、どちらの設定でも、出会い系サイトなどの特定のURLが入ったメールは拒否されます。

Section 23 Android iPhone

ドコモメールを パソコンから利用する

ドコモメールは、パソコンからでも利用することができます。なお、Androidでは事前にスマートフォンでP.68 ～ 69の設定をしておく必要があります。iPhoneでは必要ありません。

パソコンからの利用設定をする

1 アプリ一覧画面で＜My docomo＞をタップします。

2 ＜設定（メール等）＞をタップします。をタップします。

3 ＜メール設定（迷惑メール／SMS対策など）＞をタップします。

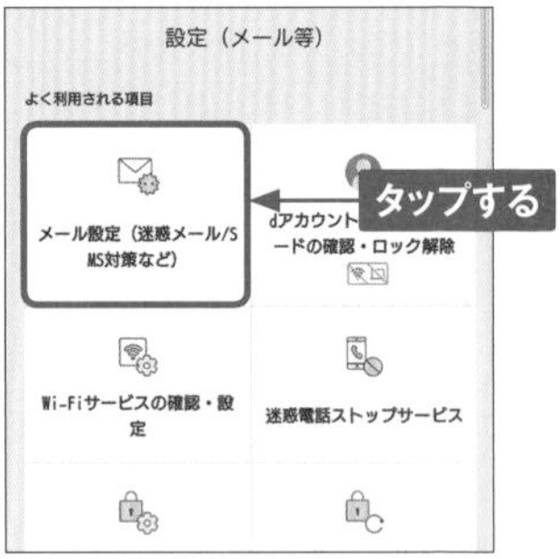

4 spモードパスワードを入力し、＜spモードパスワード確認＞をタップします。

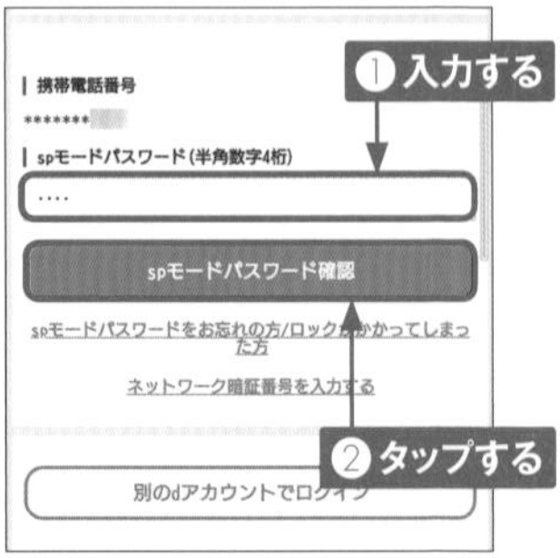

5 画面を上方向にスワイプし、＜dアカウント利用設定の確認／変更＞をタップします。

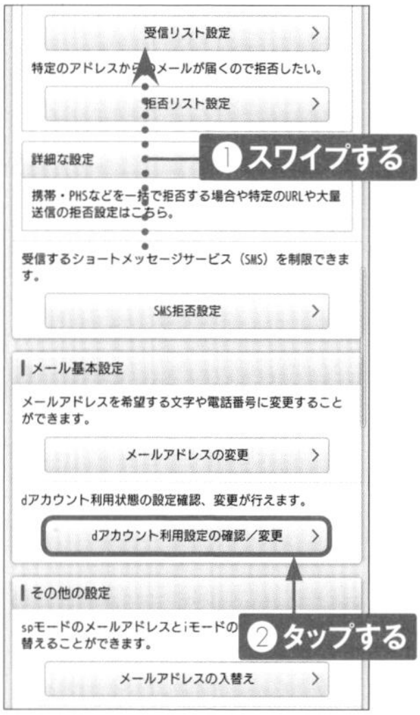
受信リスト設定
特定のアドレスからのメールが届くので拒否したい。
拒否リスト設定
詳細な設定
①スワイプする
携帯・PHSなどを一括で拒否する場合や特定のURLや大量送信の拒否設定はこちら。
受信するショートメッセージサービス（SMS）を制限できます。
SMS拒否設定
メール基本設定
メールアドレスを希望する文字や電話番号に変更することができます。
メールアドレスの変更
dアカウント利用状態の設定確認、変更が行えます。
dアカウント利用設定の確認／変更
その他の設定
spモードのメールアドレスとiモードの
替えることができます。
②タップする
メールアドレスの入替え

6 「dアカウントでドコモメールを利用」の＜利用する＞をタップし、＜確認する＞をタップします。

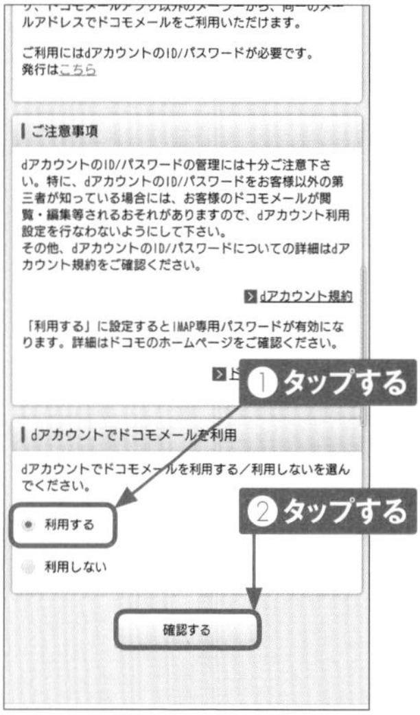
ルアドレスでドコモメールをご利用いただけます。
ご利用にはdアカウントのID/パスワードが必要です。
発行はこちら
ご注意事項
dアカウントのID/パスワードの管理には十分ご注意下さい。特に、dアカウントのID/パスワードをお客様以外の第三者が知っている場合には、お客様のドコモメールが閲覧・編集等されるおそれがありますので、dアカウント利用設定を行なわないようにして下さい。
その他、dアカウントのID/パスワードについての詳細はdアカウント規約をご確認ください。
dアカウント規約
「利用する」に設定するとIMAP専用パスワードが有効になります。詳細はドコモのホームページをご確認ください。
①タップする
dアカウントでドコモメールを利用
dアカウントでドコモメールを利用する／利用しないを選んでください。
利用する
②タップする
利用しない
確認する

7 ＜設定を確定する＞をタップします。

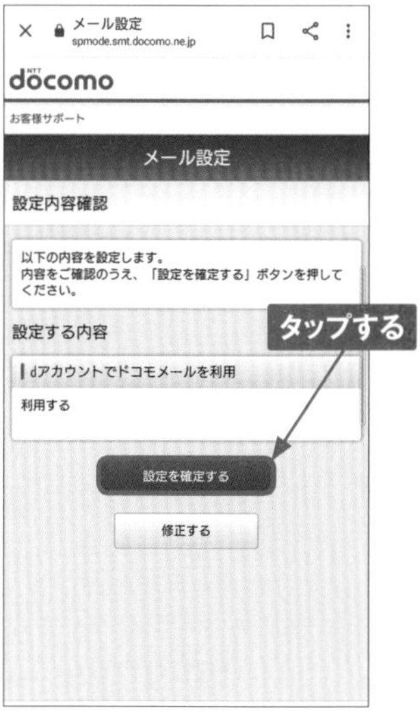
メール設定
spmode.smt.docomo.ne.jp
docomo
お客様サポート
メール設定
設定内容確認
以下の内容を設定します。
内容をご確認のうえ、「設定を確定する」ボタンを押してください。
設定する内容
タップする
dアカウントでドコモメールを利用
利用する
設定を確定する
修正する

8 dアカウント利用設定が完了し、パソコンなどからドコモメールが利用できるようになります。

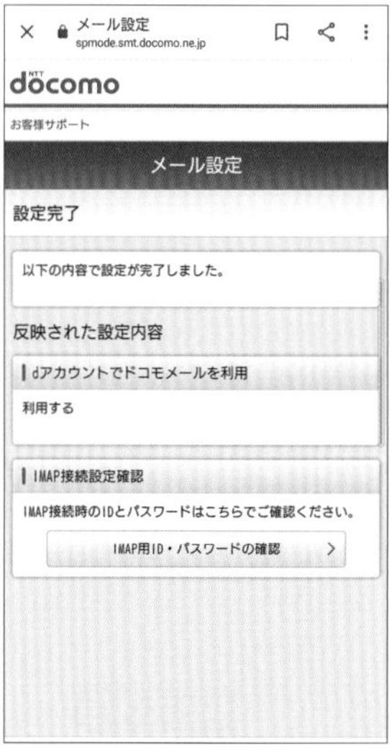
メール設定
spmode.smt.docomo.ne.jp
docomo
お客様サポート
メール設定
設定完了
以下の内容で設定が完了しました。
反映された設定内容
dアカウントでドコモメールを利用
利用する
IMAP接続設定確認
IMAP接続時のIDとパスワードはこちらでご確認ください。
IMAP用ID・パスワードの確認

2

パソコンからドコモメールを利用する

1 パソコンから「https://www.nttdocomo.co.jp/」にアクセスし、<商品・サービス>をクリックします。

2 <サービス・機能>→<ドコモメール>の順にクリックします。

3 <Android(ドコモスマートフォン)>をクリックし、画面を下方向にスクロールしたら、<ブラウザでのドコモメールアクセス>をクリックします。

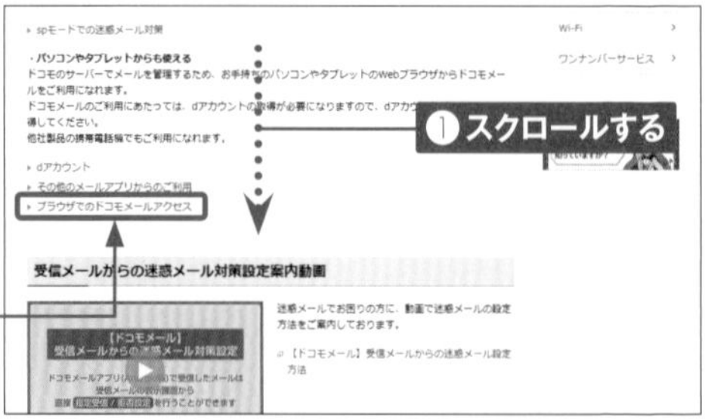

4 <さっそく使ってみる>→<ログイン>の順にクリックします。

⑤ 「dアカウントのID」を入力し、＜次へ＞をクリックします。

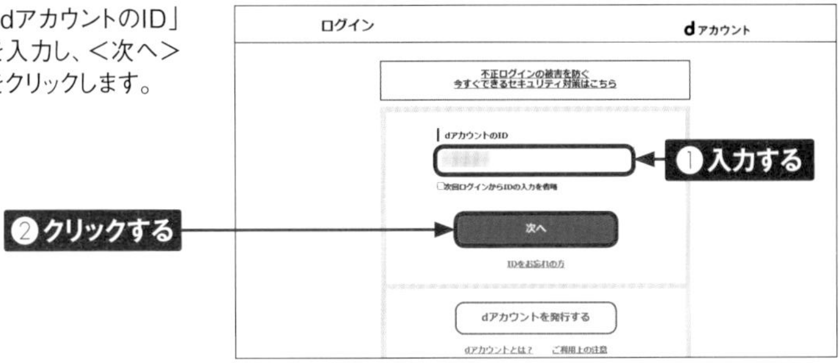

⑥ 「パスワード」とSMSで通知される「セキュリティコード」を入力し、＜ログイン＞をクリックします。

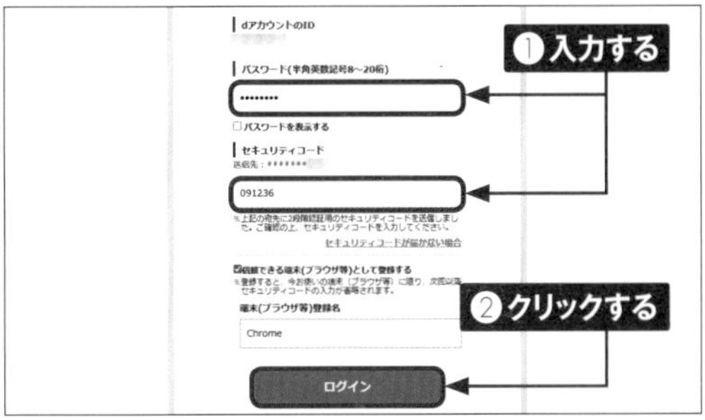

⑦ 閲覧したいメールをクリックします。

⑧ クリックしたメールの内容が表示されます。利用後は画面右上の＜ログアウト＞をクリックします。

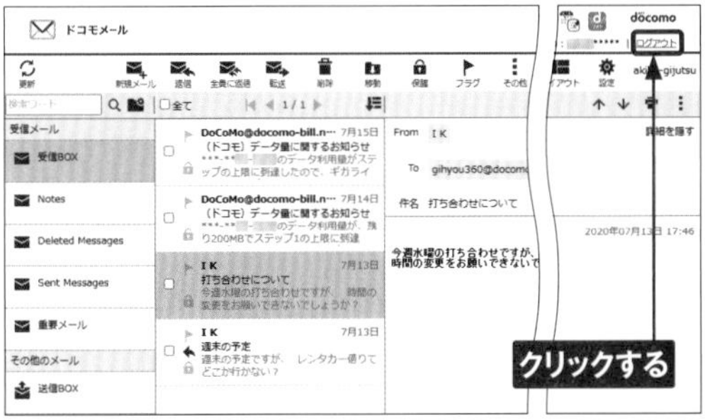

Section 24 Android iPhone

メッセージS、Rを利用する

ドコモには、ニュース速報やお得な情報がドコモメールアプリへ自動的に届くメッセージサービスがあります。メールアドレスを登録することやアドレスを変更するたびに再登録したりする必要はありません。

メッセージサービスの特徴

●メッセージS（スペシャル）

各企業が提供するキャンペーン情報や新商品のお知らせなどのお得な情報が届きます。

●メッセージR（リクエスト）

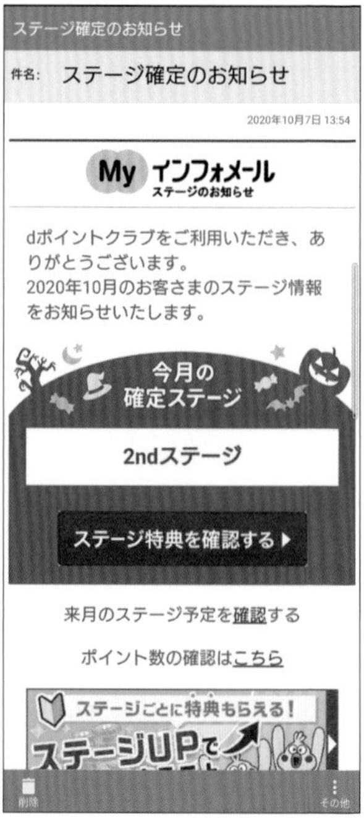

ドコモからのお知らせやdマーケットのおすすめ、ニュース速報などのほしい情報が届きます。

Chapter 3

便利なドコモのアプリを活用する

Section 25 ドコモのアプリをアップデートする
Section 26 アプリをインストールする
Section 27 アプリをアンインストールする
Section 28 スケジュールで予定を管理する
Section 29 dフォトで写真を管理・プリントする
Section 30 マイマガジンでニュースをまとめて読む
Section 31 my daizを利用する
Section 32 翻訳アプリを利用する
Section 33 イマドコかんたんサーチで友だちを探す
Section 34 ドコモ地図ナビを利用する
Section 35 データ保管BOXにバックアップする

ドコモのアプリをアップデートする

アプリは定期的にアップデートされます。アップデートをすると、新しい機能が使えたり、セキュリティ面での機能が向上したりするので、チェックするようにしましょう。

Androidでドコモのアプリをアップデートする

1 アプリ一覧画面で<設定>をタップします。

2 画面を上方向にスワイプし、<ドコモのサービス/クラウド>をタップします。

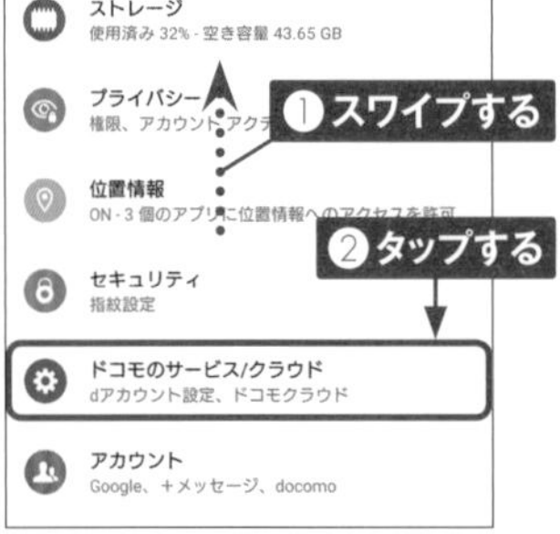

3 <ドコモアプリ管理>をタップします。

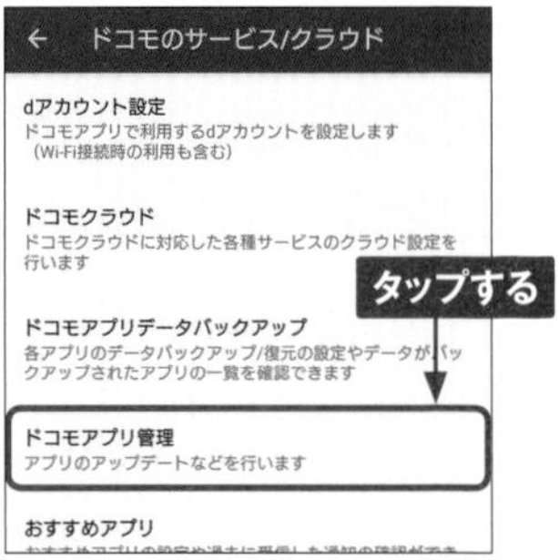

4 <すべてアップデート>をタップすると、アップデートが開始されます。

iPhoneでドコモのアプリをアップデートする

1 ホーム画面で<App Store>をタップし、をタップします。

2 <購入済み>をタップします。

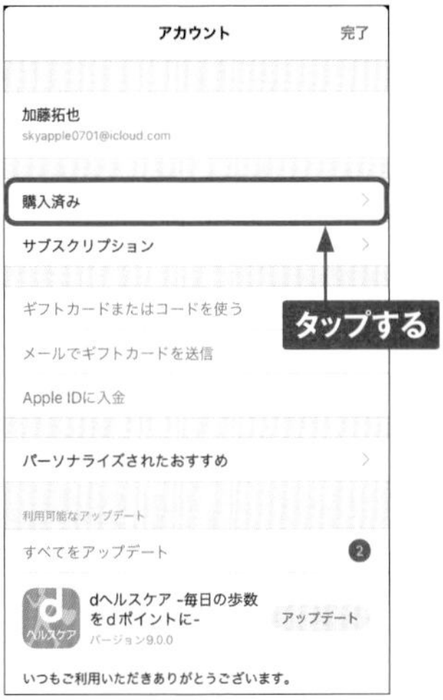

3 インストールされているアプリの一覧が表示されます。<アップデート>をタップすると、アプリのアップデートが開始されます。

MEMO アプリの自動アップデートをオフにする

アプリは、Wi-Fi接続しているときのみ自動更新される設定になっています。自動更新をオフにするには、ホーム画面で<設定>→<App Store>の順にタップし、「Appのアップデート」のをタップして、にします。

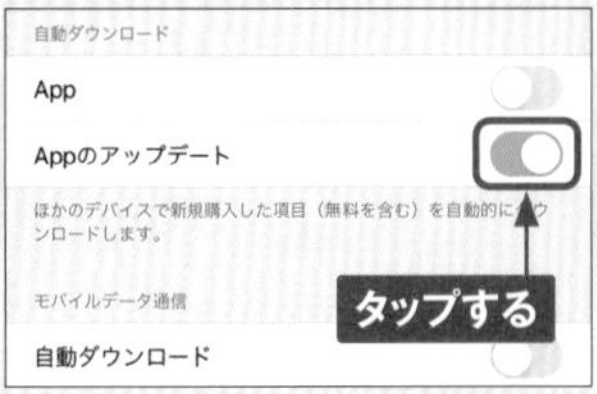

Section 26 Android iPhone

アプリをインストールする

目的に合ったアプリを検索してインストールしてみましょう。ここでは、AndroidではPlay ストア、iPhoneではApp Storeを利用した手順を解説します。

Androidでアプリをインストールする

1 ホーム画面で<Play ストア>をタップして開きます。キーワードを入力して、表示された候補からインストールしたいアプリをタップします。

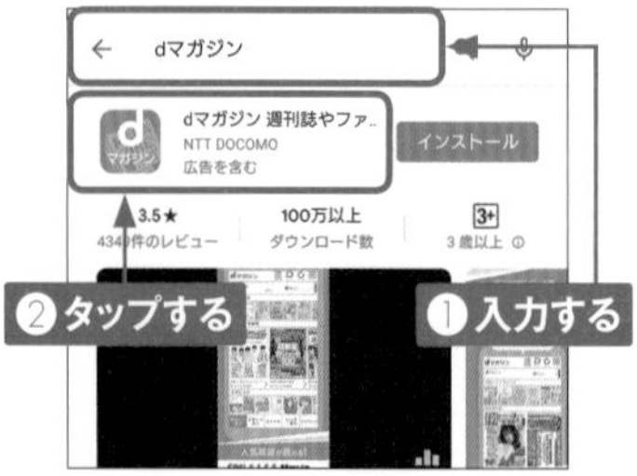

2 <インストール>をタップします。

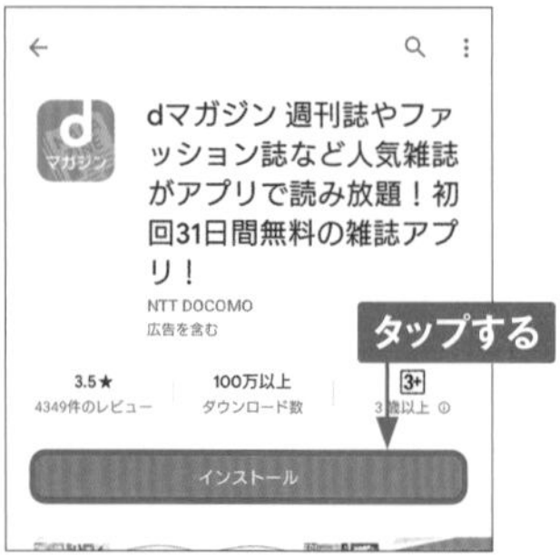

3 アプリのダウンロードとインストールが開始されます。

4 インストール完了後、<開く>をタップするか、ホーム画面に追加されたアイコンをタップします。

iPhoneでアプリをインストールする

1 ホーム画面で＜App Store＞をタップして開きます。＜検索＞をタップし、キーワードを入力して、表示された候補からインストールしたいアプリをタップします。

2 アプリの説明が表示されます。＜入手＞をタップします。

3 ＜インストール＞をタップします。

4 Apple IDのパスワードを入力し、＜サインイン＞をタップすると、インストールが開始されます。

3

アプリを
アンインストールする

初めからインストールされているアプリの中には、使用しないものもあるでしょう。そういったアプリは、アンインストール、アンインストールできないものは無効化しておきましょう。

アプリをアンインストールする

1 アプリ一覧画面またはホーム画面で削除したいアプリを長押しします。

2 画面上部に表示される「アンインストール」にドラッグします。

3 <OK>をタップします。

MEMO iPhoneでアプリを削除する

ホーム画面を左方向にスワイプし、「Appライブラリ」画面を表示します。削除したいアプリを長押しし、<Appを削除>をタップします。

アプリを無効化する

1 アプリ一覧画面で<設定>→<アプリと通知>の順にタップします。

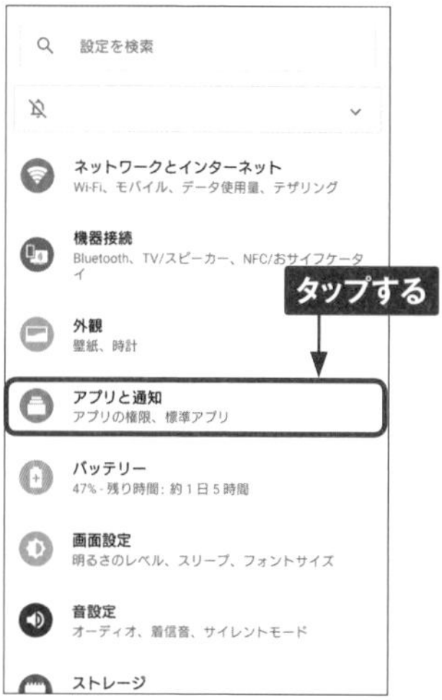

2 <○個のアプリをすべて表示>をタップし、無効化したいアプリをタップします。

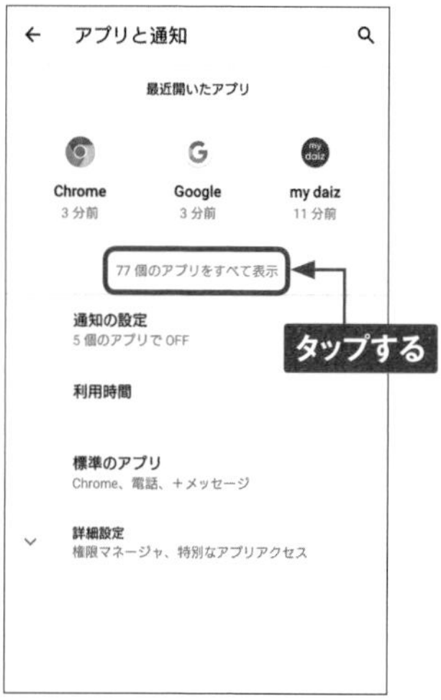

3 <無効にする>→<アプリを無効にする>の順にタップします。

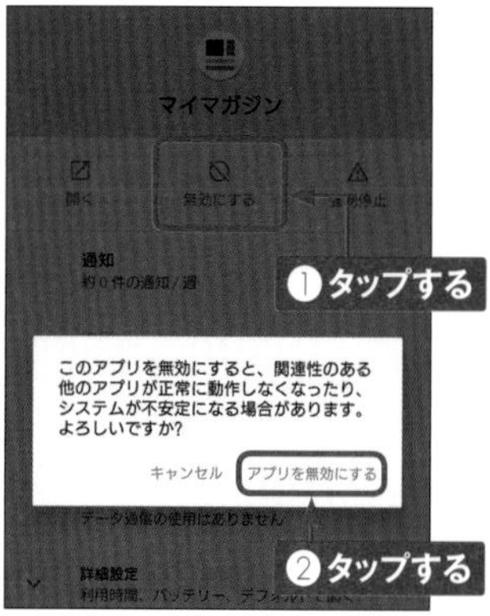

MEMO iPhoneでアプリだけを取り除く

データを残したまま、アプリだけを取り除くことができます。方法は、ホーム画面で<設定>→<App Store>の順にタップします。「非使用のAppを取り除く」の をタップして、 にします。アプリのアイコンは残るので、再インストールしたい場合は、アイコンをタップします。

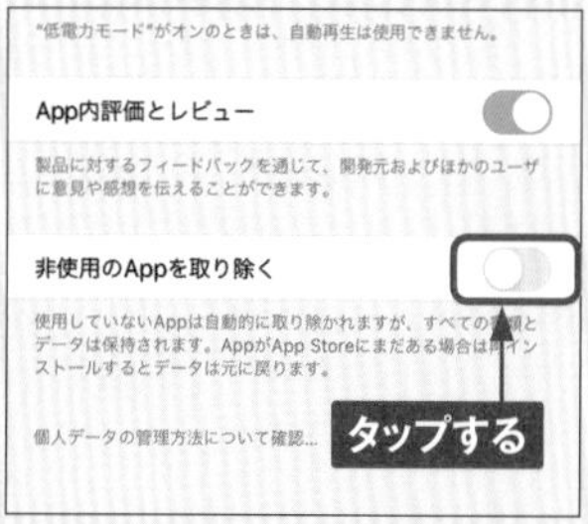

3

スケジュールで予定を管理する

「スケジュール」アプリを利用して、予定を管理することができます。クラウドの設定をオンにすると、パソコンなどのブラウザーから確認や編集、削除ができるようになります。

スケジュールを表示する

1 アプリ一覧画面で<ドコモ>→<スケジュール>の順にタップします。

2 初回起動時は「機能利用の許可」や「クラウドサービスの利用」などが表示されるので、画面の指示に従って設定を行います。設定が終わると、当月のカレンダーが表示され、画面を左右にスワイプすると、翌月・前月が表示されます。

3 カレンダーの表示形式を変更したい場合は、左上の≡をタップします。

4 表示形式を選択します。ここでは、<週>をタップします。

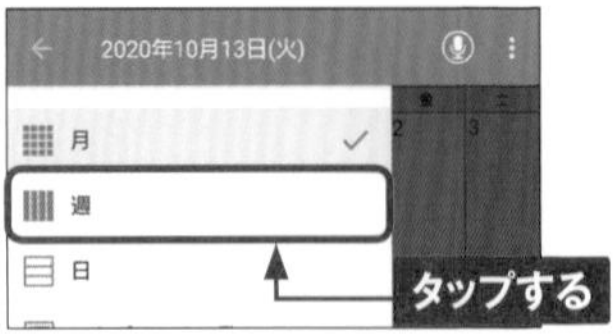

5 カレンダーが週間表示になります。

スケジュールを追加する

1 P.80手順①を参考に「スケジュール」アプリを開き、+をタップします。

2 スケジュールを入力し、<入力オプションを表示>をタップします。

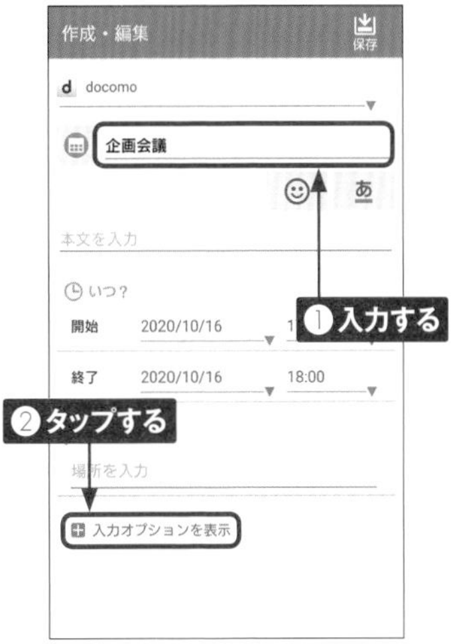

3 アラームなどを設定し、画面右上の<保存>をタップします。

4 追加した内容が、該当する日付に表示されているのを確認できます。

Section 29 Android iPhone

dフォトで写真を管理・プリントする

dフォトでは、スマートフォンで撮影した写真を無料でクラウドで管理したり、月額280円でフォトブックを作成したりすることができます。dアカウントがあれば、利用可能です。

dフォトで写真を管理する

1 アプリ一覧画面で＜ドコモ＞→＜dフォト＞の順にタップします。

2 「利用規約」画面が表示されたら、＜同意する＞をタップし、画面の指示に従って進みます。

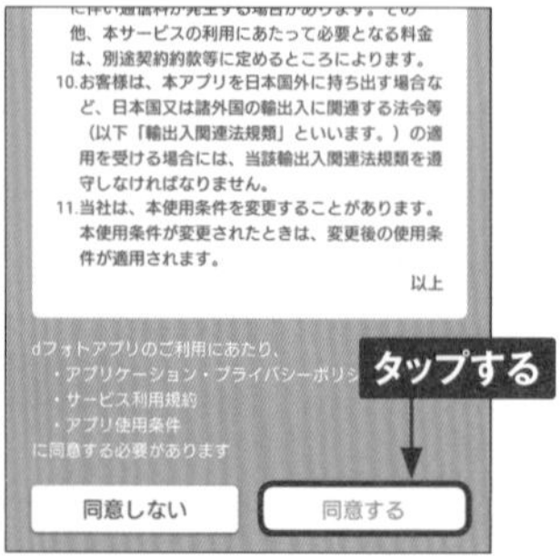

3 写真が表示されたら、＜選択＞をタップして、写真をタップして選択します。

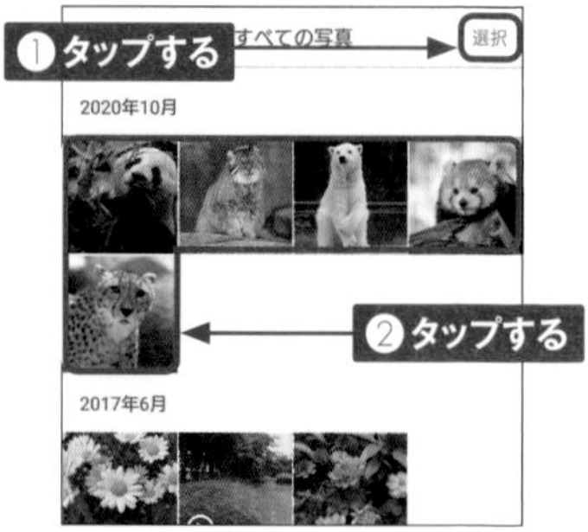

4 ＜共有＞や＜お預かり保存＞、＜アルバムに追加＞、＜削除＞などをタップして、写真を管理します。

dフォトで写真をプリントする

1 事前に有料の契約を行い、「dフォト プリント」アプリをインストールしたうえで、タップして開きます。初回起動時は＜規約に同意して利用を開始＞をタップします。

2 ＜L判をプリントする＞をタップします。

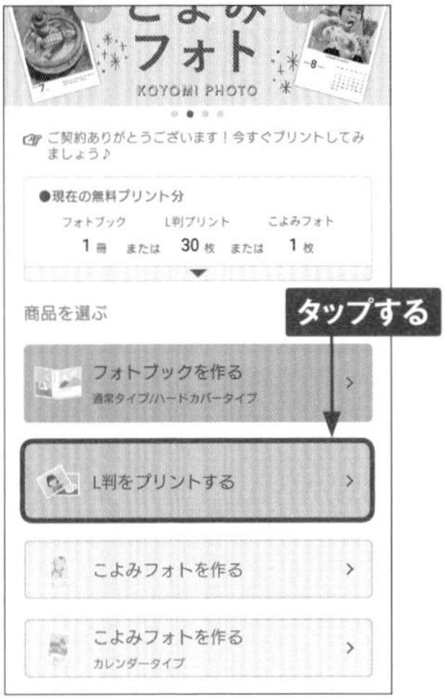

3 写真をタップして選択し、＜次へ＞をタップします。

4 ＜注文へ＞→＜OK＞の順にタップし、「お届け先」の指定など画面の指示に従って進みます。

Section 30 Android iPhone

マイマガジンでニュースをまとめて読む

マイマガジンは、自分で選んだジャンルのニュースが自動で表示されるサービスです。読むニュースの傾向などによって、自分好みの情報が表示されるようになります。

マイマガジンでニュースを読む

1 アプリ一覧画面で<ドコモ>→<マイマガジン>の順にタップします。

2 <規約に同意して利用を開始>をタップします。

3 画面を左右にスワイプすると、ニュースのジャンルを切り替えることができます。読みたいニュースをタップします。

4 <元記事サイトへ>をタップすると、Webブラウザーで元記事のWebサイトが表示され、全文を読むことができます。

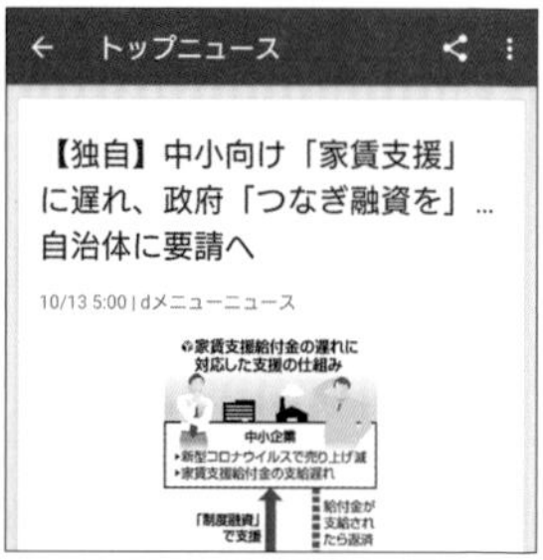

マイマガジンの記事を設定する

1 P.84手順①を参考に「マイマガジン」アプリを開き、画面右上の⋮→<記事検索>の順にタップします。

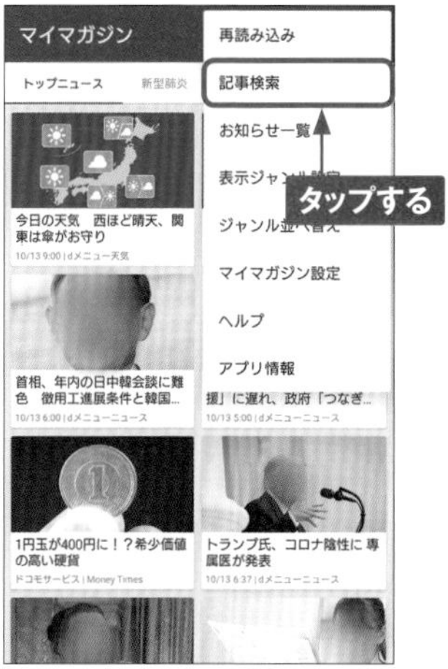

2 検索したいキーワードを入力し、<実行>をタップします。

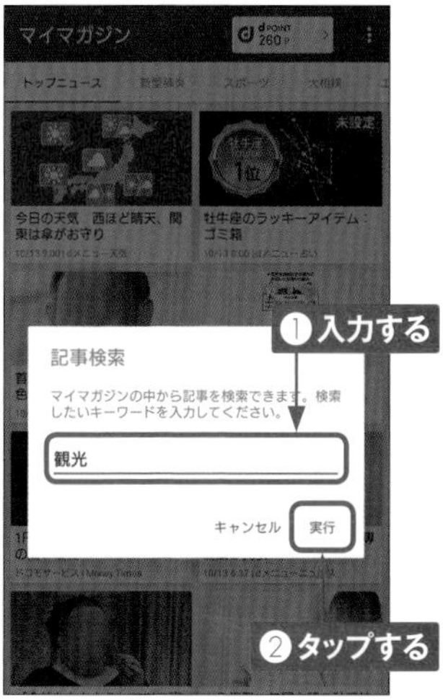

3 手順②で検索したキーワードに関する記事が表示されます。<○○をジャンルに追加>をタップします。

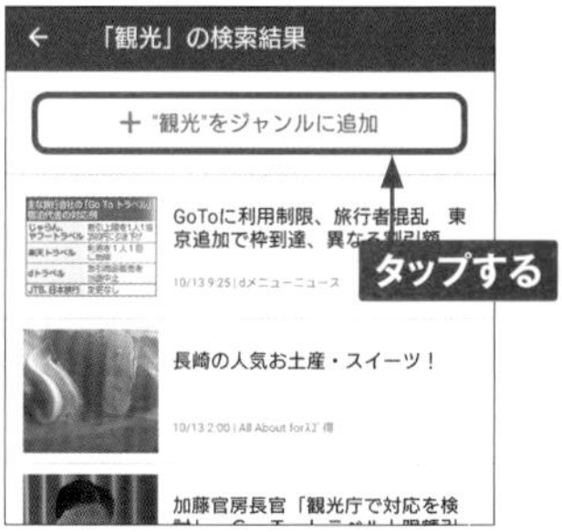

4 手順②で検索したキーワードがジャンルに追加されます。

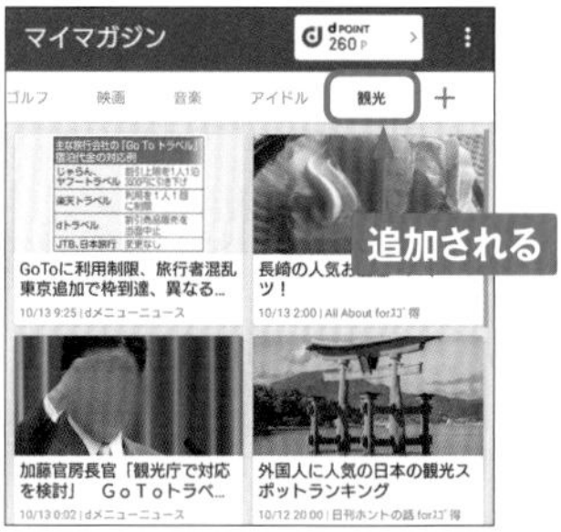

MEMO **ニュースを共有する**

気になるニュースは、メールやFacebook、TwitterといったSNSで共有することができます。P.84手順④の画面で<をタップし、「共有」から共有したいアプリをタップして選択したあと、<今回のみ>または<常時>をタップします。

Section 31 Android iPhone

my daizを利用する

「my daiz」は、話しかけるだけで情報を調べて教えてくれたり、操作をしてくれたりするサービスです。画面に触れて操作できない場合などに活用できます。

Androidでmy daizを準備する

1 ホーム画面で「my daiz」のキャラクターアイコンをタップします。

2 初回起動時は<はじめる>→<次へ>の順にタップし、<許可>をすべてタップして、画面の指示に従って進みます。

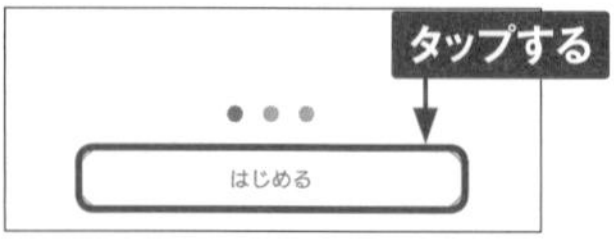

3 利用規約が表示されます。画面を上方向にスワイプしてチェックボックスをタップしてチェックを付け、<同意する>をタップします。

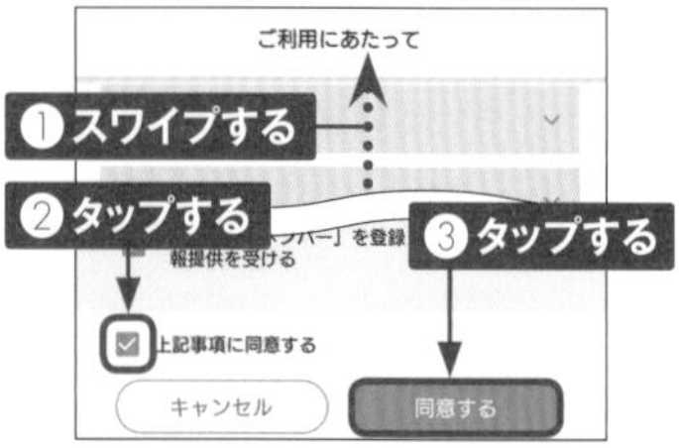

4 チュートリアルを画面をタップして進めます。完了すると、「my daiz」のキャラクターをタップして話しかけることができます。

MEMO ホーム画面のキャラクターを非表示にするには

ホーム画面で「my daiz」のキャラクターアイコンをロングタッチして、「キャラ表示」をオフにすると、キャラクターが非表示になります。

Androidでmy daizを利用する

●アプリを操作する

1 P.86手順④の画面で、「my daiz」のキャラクターをタップします。

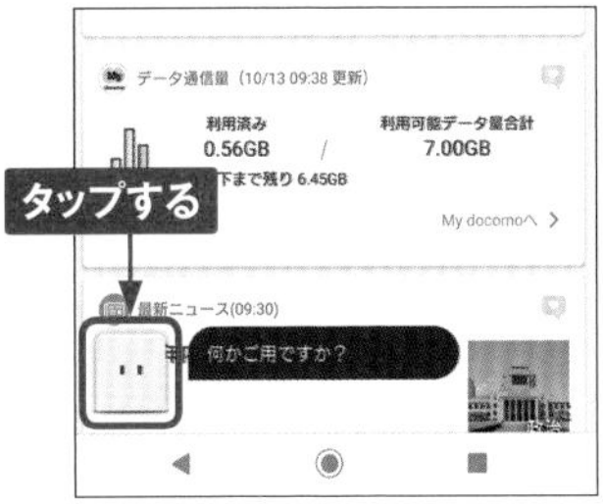

2 をタップして、「ブラウザーを起動」と話しかけます。

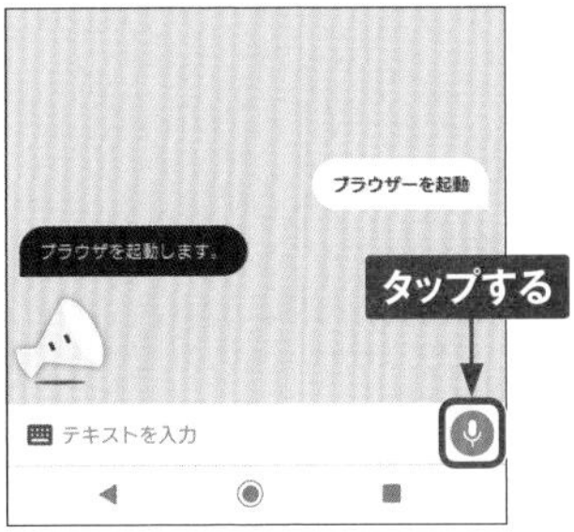

3 「Chrome」が起動します。

●調べものをする

1 左の手順①～②を参考に「カレーのレシピ」と話しかけます。

2 関連するレシピが表示されます。<もっと見る>をタップします。

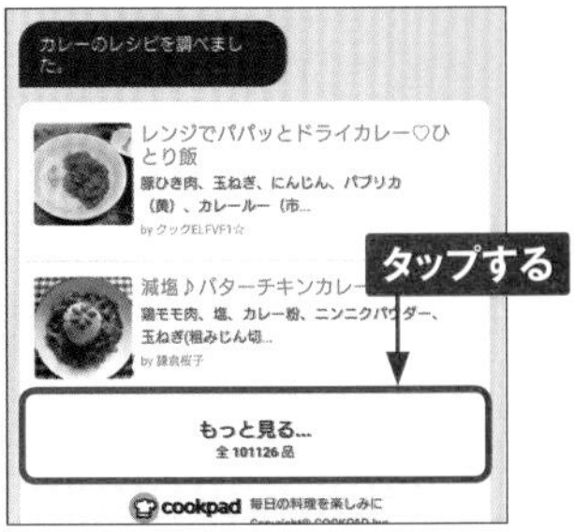

3 Webサイト（ここでは「クックパッド」）が表示され、より詳細な情報が表示されます。

iPhoneでmy daizを設定する

1 事前に「my daiz」アプリをインストールしたうえで、ホーム画面でタップして開きます。初回起動時は<はじめる>をタップします。

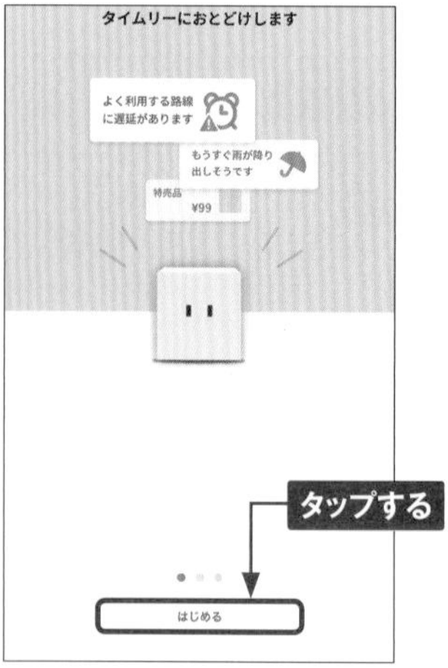

2 利用規約が表示されます。画面を上方向にスワイプして、チェックボックスをタップしてチェックを付け、<同意する>をタップします。

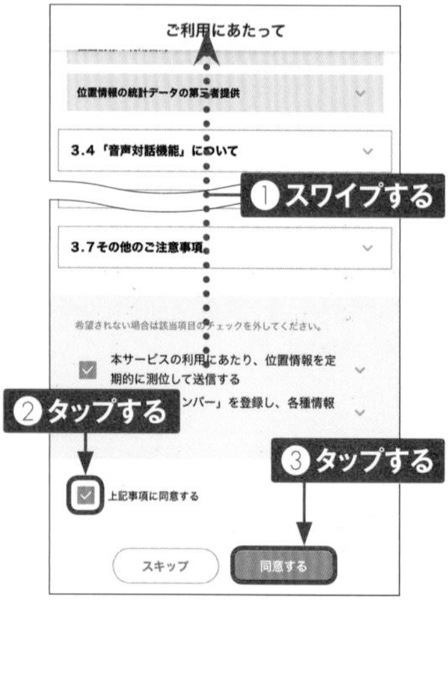

3 アクセス許可を求められたら、<許可>または<許可しない>をタップし、画面の指示に従い進みます。

4 完了すると、「my daiz」のキャラクターをタップして話しかけることができます。

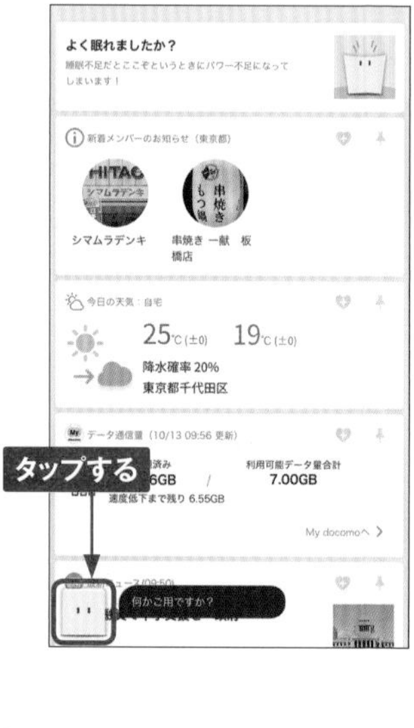

iPhoneでテキスト入力から情報を表示する

1 ホーム画面で＜my daiz＞をタップして開き、「my daiz」のキャラクターをタップします。

2 テキスト入力欄に知りたい情報を入力し、＜送信＞をタップします。

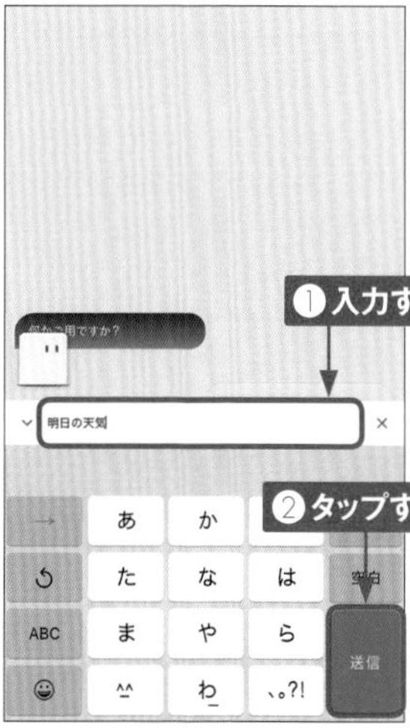

3 手順②で入力した情報が表示されます。

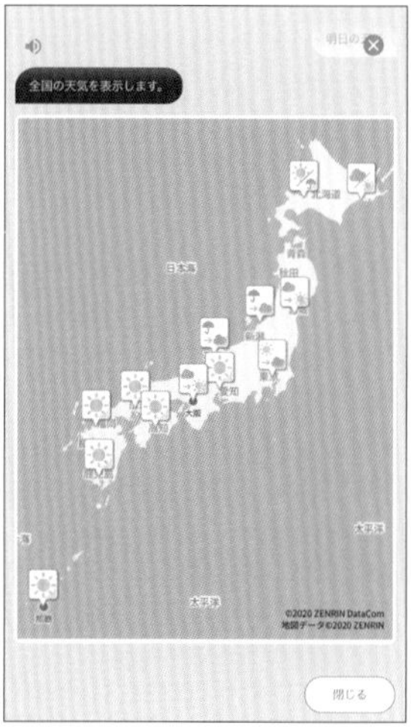

MEMO ムニムニ指数とは

my daizを利用するほど、ムニムニ指数がたまります。この指数がたまると、my daizのレベルが上がり、自分にピッタリな情報が提供されます。

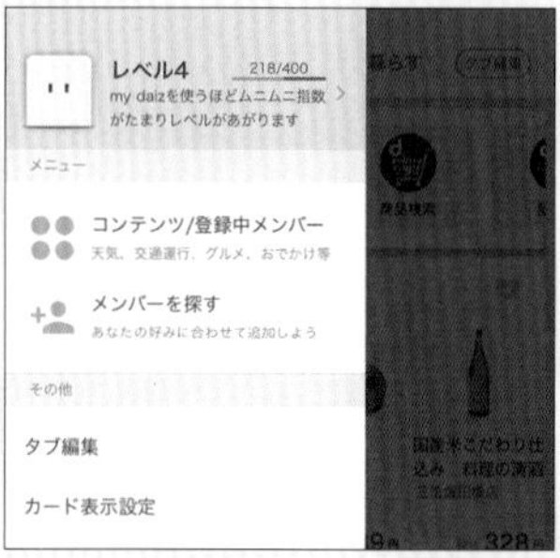

翻訳アプリを利用する

「はなして翻訳」は、話した言葉を任意の言語に翻訳してくれるアプリで、10か国以上の言語に対応しています。「うつして翻訳」は、撮影した言葉や文章を翻訳してくれるアプリです。

Androidではなして翻訳を利用する

1 アプリ一覧画面で<ドコモ>→<はなして翻訳>の順にタップします。<規約に同意して利用を開始>をタップして、画面の指示に従って進みます。

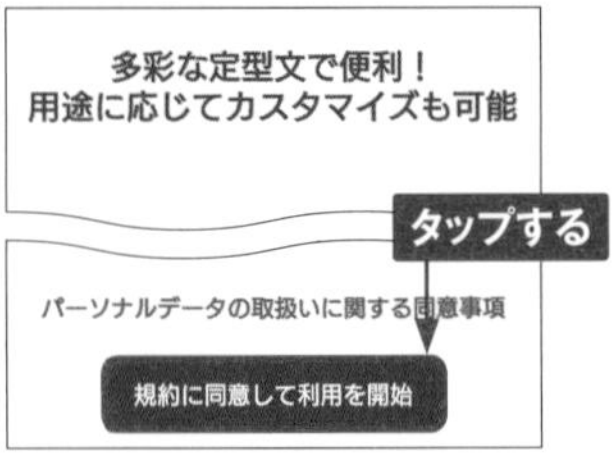

2 <対面翻訳>→<OK>の順にタップします。

3 日本語から外国語に翻訳したい場合は<話す>をタップし、会話相手の外国語を日本語に翻訳したい場合は、各言語で表示された「話す」（ここでは<Speak>）をタップします。

4 手順②の画面で<定型文>をタップすると、会話集が表示され、目的に合ったフレーズを確認できます。

iPhoneでうつして翻訳を利用する

1 ホーム画面で<はなして翻訳>をタップして開き、<うつして翻訳>をタップします。撮影する際の注意事項を確認し、<OK>をタップします。

2 縦書きの場合はをタップして、罫線を縦書きに変更します。

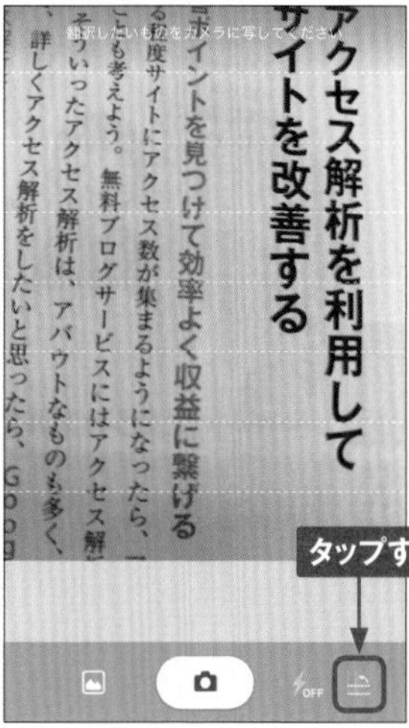

3 をタップして、写真を撮ります。

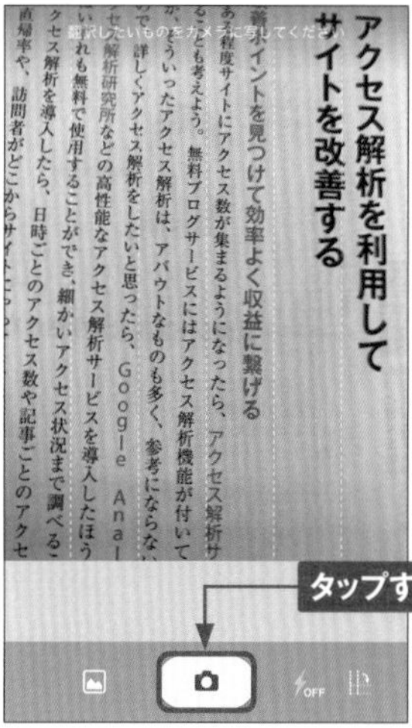

4 翻訳したい箇所をタップして選択し、︿を上方向にスワイプすると、翻訳が表示されます。

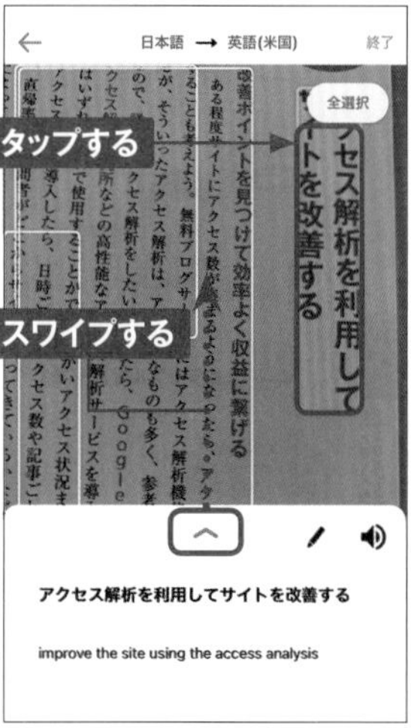

イマドコかんたんサーチで友だちを探す

イマドコかんたんサーチでは、GPSや基地局の情報を利用して、ドコモの端末を持っている相手のいる位置を地図で確認することができます。検索に成功したときだけ、1回につき10円の料金がかかります。

Androidで友だちの場所を確認する

1 アプリ一覧画面で＜dメニュー＞をタップし、＜My docomo＞をタップします。

2 ＜設定（メール等）＞をタップします。

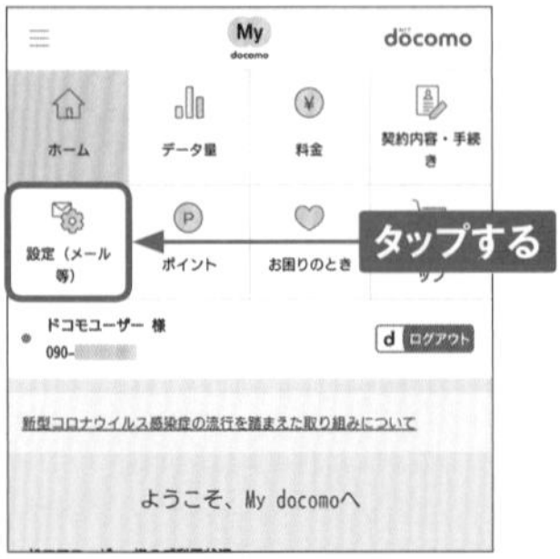

3 ＜イマドコかんたんサーチ＞をタップします。

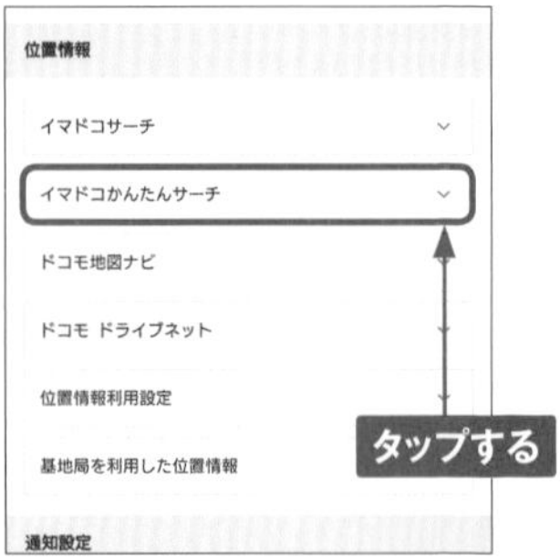

4 ＜利用する＞をタップします。

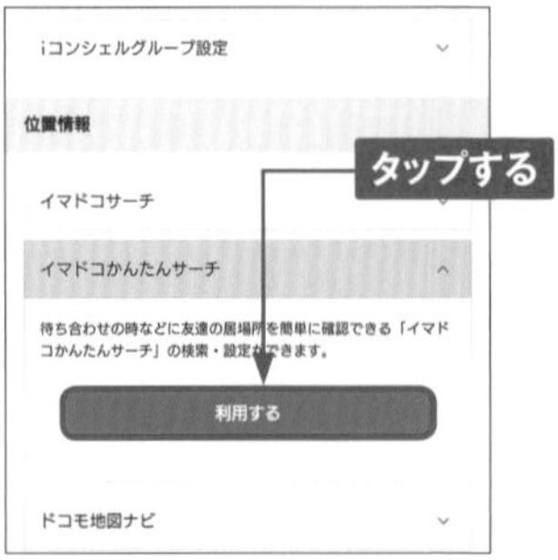

5 居場所を検索したい相手の電話番号を入力し、＜いますぐ検索＞をタップします。

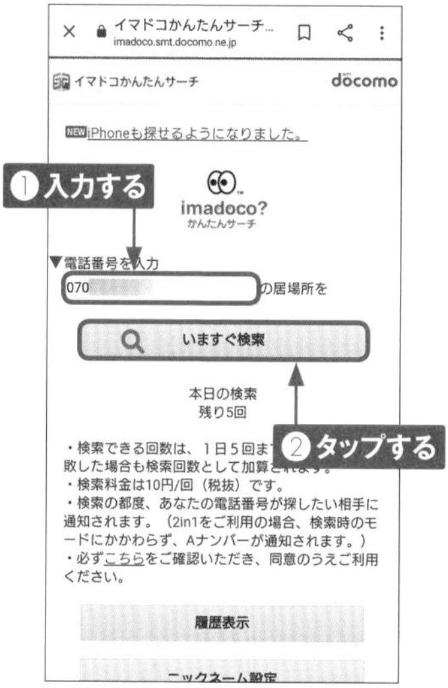

イマドコかんたんサーチ...
imadoco.smt.docomo.ne.jp
イマドコかんたんサーチ
docomo
NEW iPhoneも探せるようになりました。
❶入力する
imadoco?
かんたんサーチ
▼電話番号を入力
070
の居場所を
いますぐ検索
本日の検索
残り5回
❷タップする
・検索できる回数は、1日5回ま
敗した場合も検索回数として加算
・検索料金は10円/回（税抜）です。
・検索の都度、あなたの電話番号が探したい相手に通知されます。（2in1をご利用の場合、検索時のモードにかかわらず、Aナンバーが通知されます。）
・必ずこちらをご確認いただき、同意のうえご利用ください。
履歴表示

6 検索が始まります。しばらく経ってから＜確認＞をタップします。

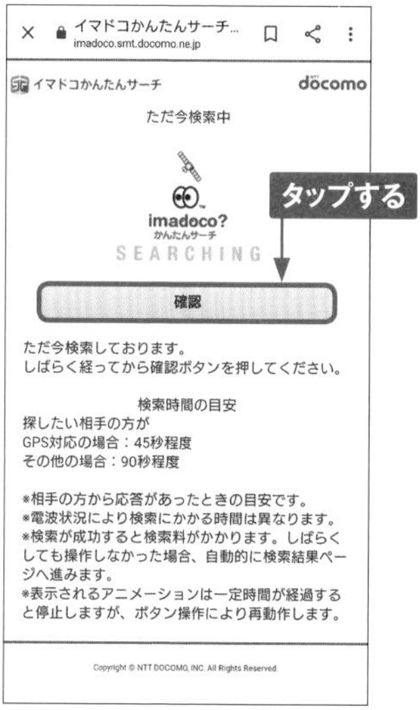

イマドコかんたんサーチ...
imadoco.smt.docomo.ne.jp
イマドコかんたんサーチ
docomo
ただ今検索中
タップする
imadoco?
かんたんサーチ
SEARCHING
確認
ただ今検索しております。
しばらく経ってから確認ボタンを押してください。
検索時間の目安
探したい相手の方が
GPS対応の場合：45秒程度
その他の場合：90秒程度
*相手の方から応答があったときの目安です。
*電波状況により検索にかかる時間は異なります。
*検索が成功すると検索料がかかります。しばらくしても操作しなかった場合、自動的に検索結果ページへ進みます。
*表示されるアニメーションは一定時間が経過すると停止しますが、ボタン操作により再動作します。
Copyright © NTT DOCOMO, INC. All Rights Reserved.

7 相手には、イマドコかんたんサーチの確認メールが届きます。相手が許可をしたら、地図上に相手の居場所が表示されます。

イマドコかんたんサーチ...
imadoco.smt.docomo.ne.jp
東京都北区付近
メニュー
もう一度検索
トップページ
070
10月13日11時15分頃
測位レベル：★☆☆
赤羽駅
北区
東十条駅
北区役所
板橋区役所

MEMO イマドコサーチとの違い

イマドコかんたんサーチと似たサービスに、「イマドコサーチ」があります。別途申し込みが必要で月額利用料もかかりますが、より多機能なので自分に合ったほうを利用しましょう。

イマドコサーチ
帰りが遅いわ。今どこにいるのかしら？
公園を通って塾に向かっているのね
大切な人を 遠くからでも 見守れる
イマドコサーチは、キッズケータイやスマートフォンなどのGPS機能を使っていつでも子どもの居場所を探せて、見守ることができるサービスです。

iPhoneで友だちの場所を確認する

1 ホーム画面で をタップし、画面下部の →＜My docomo（お客様サポート）＞の順にタップします。

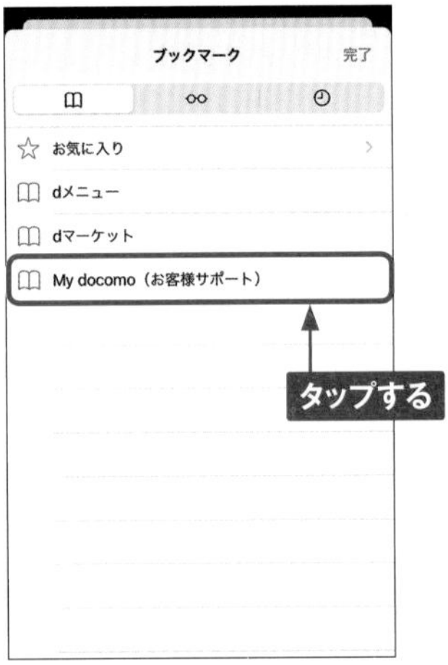

2 ＜設定（メール等）＞をタップします。

3 ＜イマドコかんたんサーチ＞をタップします。

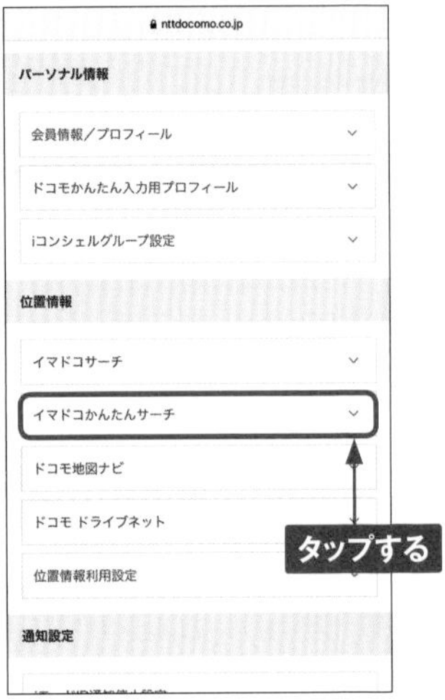

4 ＜利用する＞をタップします。

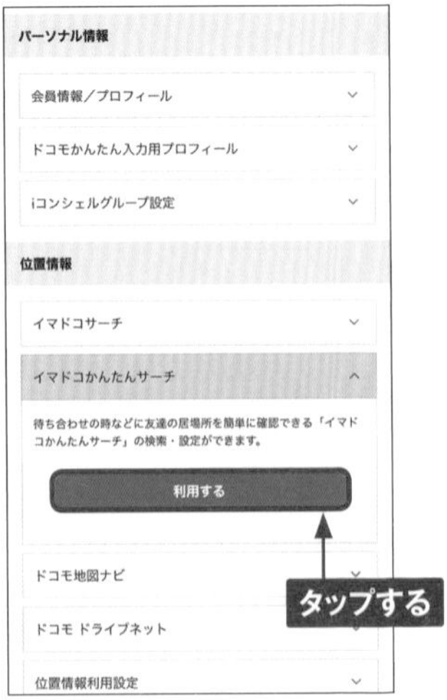

5 spモードパスワードまたはネットワーク暗証番号を入力し、<ログイン>をタップします。

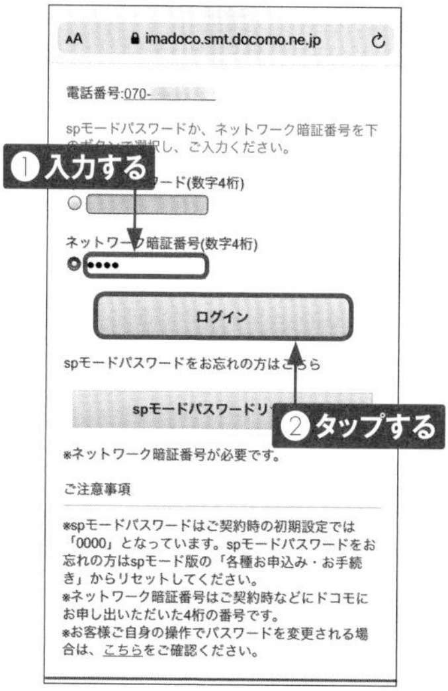

AA imadoco.smt.docomo.ne.jp
電話番号:070-
spモードパスワードか、ネットワーク暗証番号を下のボタンで選択し、ご入力ください。
①入力する
ード(数字4桁)
ネットワーク暗証番号(数字4桁)
ログイン
spモードパスワードをお忘れの方はこちら
spモードパスワードリ
②タップする
※ネットワーク暗証番号が必要です。
ご注意事項
※spモードパスワードはご契約時の初期設定では「0000」となっています。spモードパスワードをお忘れの方はspモード版の「各種お申込み・お手続き」からリセットしてください。
※ネットワーク暗証番号はご契約時などにドコモにお申し出いただいた4桁の番号です。
※お客様ご自身の操作でパスワードを変更される場合は、こちらをご確認ください。

7 検索が始まります。しばらく経ってから、<確認>をタップします。

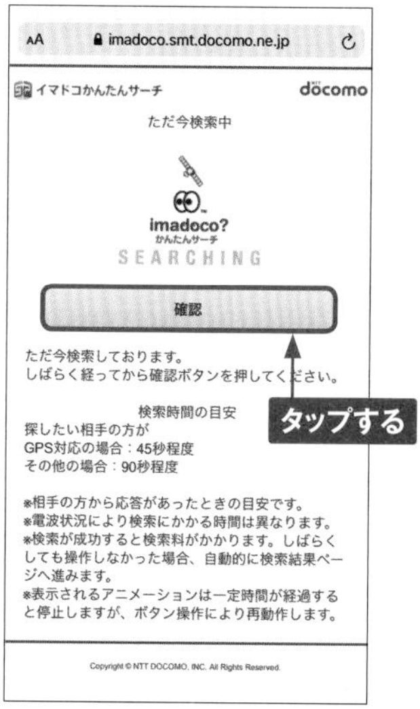

AA imadoco.smt.docomo.ne.jp
イマドコかんたんサーチ
docomo
ただ今検索中
imadoco?
かんたんサーチ
SEARCHING
確認
ただ今検索しております。
しばらく経ってから確認ボタンを押してください。
タップする
検索時間の目安
探したい相手の方が
GPS対応の場合：45秒程度
その他の場合：90秒程度
※相手の方から応答があったときの目安です。
※電波状況により検索にかかる時間は異なります。
※検索が成功すると検索料がかかります。しばらくしても操作しなかった場合、自動的に検索結果ページへ進みます。
※表示されるアニメーションは一定時間が経過すると停止しますが、ボタン操作により再動作します。
Copyright © NTT DOCOMO, INC. All Rights Reserved.

6 居場所を知りたい電話番号を入力し、<いますぐ検索>をタップします。

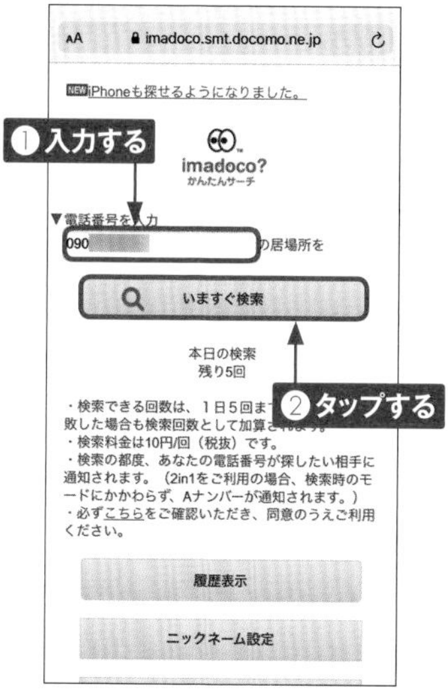

AA imadoco.smt.docomo.ne.jp
NEW iPhoneも探せるようになりました。
①入力する
imadoco?
かんたんサーチ
▼電話番号を入力
090
の居場所を
いますぐ検索
本日の検索
残り5回
②タップする
・検索できる回数は、1日5回ま
敗した場合も検索回数として加算
・検索料金は10円/回（税抜）です。
・検索の都度、あなたの電話番号が探したい相手に通知されます。（2in1をご利用の場合、検索時のモードにかかわらず、Aナンバーが通知されます。）
・必ずこちらをご確認いただき、同意のうえご利用ください。
履歴表示
ニックネーム設定

8 相手が位置情報の提供を許可すると、相手の居場所が表示されます。

AA imadoco.smt.docomo.ne.jp
東京都北区付近
メニュー
更新
トップページ
GPS検索中です。
しばらく経ってから更新ボタンを押してください。
090
10月13日11時29分頃
測位レベル：★☆☆
赤羽駅
北区
東十条駅
池袋駅

Section 34 Android iPhone

ドコモ地図ナビを利用する

ドコモ地図ナビは、施設を探したり、旅行の計画を立てたりなど、おでかけをトータルサポートしてくれるサービスです。ここでは、「地図アプリ」を利用した手順を解説します。

Androidでドコモ地図ナビを利用する

1 事前に「ドコモ地図ナビ」アプリをインストールしたうえで、タップして開きます。初回起動時は、画面の指示に従って設定を行い、利用規約が表示されたらチェックボックスをタップしてチェックを付け、<同意する>をタップします。

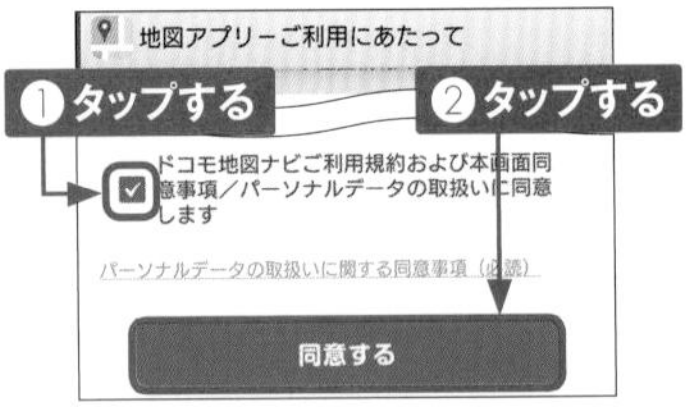

2 アクセス許可を求められたら、<常に許可>もしくは<アプリの使用中のみ許可>をタップします。

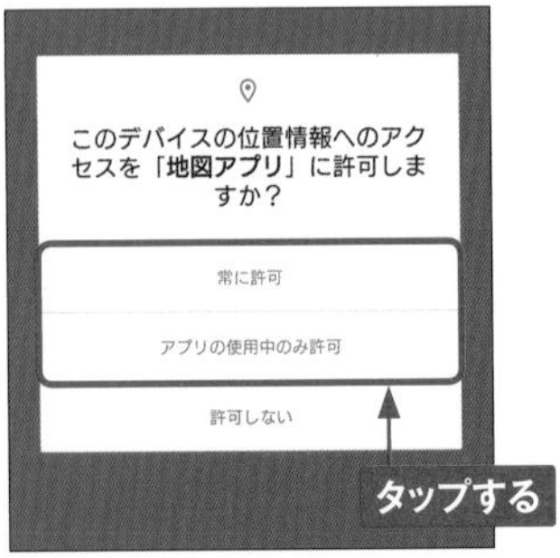

3 現在地周辺の地図が表示されたら、検索欄をタップします。

4 検索したい場所を入力し、をタップします。

5 検索した場所が表示されます。<ルート>をタップし、移動手段を「車」、「電車／徒歩」、「自転車」「すべて」の中からタップして選択します。

6 画面上部の一覧からルートをタップして選択し、<ルート確認>をタップします。

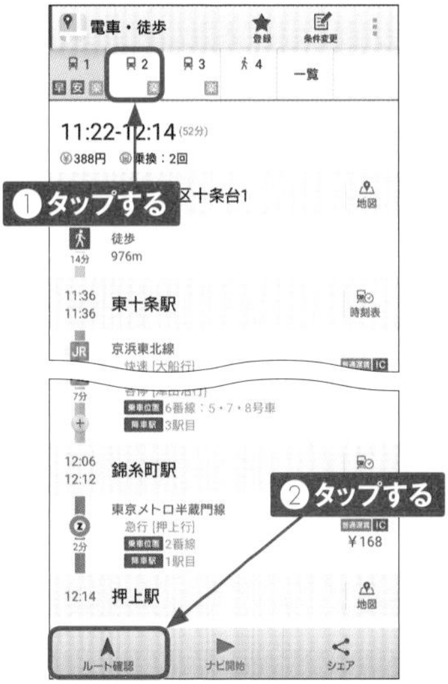

7 ルートが確認できます。

MEMO

有料機能の申し込みと解約

ドコモ地図ナビの「地図アプリ」で、ナビゲーションや交通渋滞情報を利用するには、事前の申し込みが必要です。月額300円（税抜）で、有料機能が使い放題になるほか、初回31日間は無料で利用できます。手順⑥で、<ナビ開始>をタップしたあと、画面の指示に従って、ネットまたは電話で申し込むことができます。なお、申し込みや解約はドコモショップ、または、お客様サポートの「ドコモオンライン手続き」からも行うことができます。

iPhoneでドコモ地図ナビを利用する

1 事前に「ドコモ地図ナビ」アプリ（App Storeでは「地図アプリ」）をインストールしたうえで、タップして開きます。利用規約が表示されたらタップしてチェックを付け、＜規約に同意して利用を開始＞をタップします。

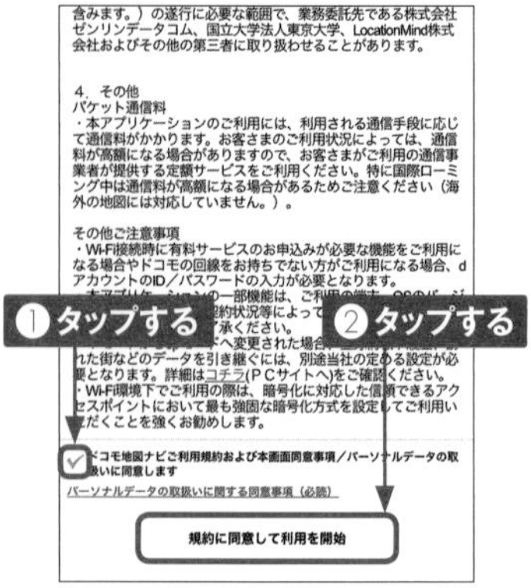

含みます。）の遂行に必要な範囲で、業務委託先である株式会社
ゼンリンデータコム、国立大学法人東京大学、LocationMind株式
会社およびその他の第三者に取り扱わせることがあります。
4．その他
パケット通信料
・本アプリケーションのご利用には、利用される通信手段に応じ
て通信料がかかります。お客さまのご利用状況によっては、通信
料が高額になる場合がありますので、お客さまがご利用の通信事
業者が提供する定額サービスをご利用ください。特に国際ローミ
ング中は通信料が高額になる場合があるためご注意ください（海
外の地図には対応していません。）。
その他ご注意事項
・Wi-Fi接続時に有料サービスのお申込みが必要な機能をご利用に
なる場合やドコモの回線をお持ちでない方がご利用になる場合、d
アカウントのID／パスワードの入力が必要となります。
①タップする
②タップする
・Wi-Fi環境下でご利用の際は、暗号化に対応した信頼できるアク
セスポイントにおいて最も強固な暗号化方式を設定してご利用い
ただくことを強くお勧めします。
パーソナルデータの取扱いに関する同意事項（必読）
規約に同意して利用を開始

2 「通知設定」画面や「プロフィール設定」画面が表示されたら、画面の指示に従って設定し進みます。

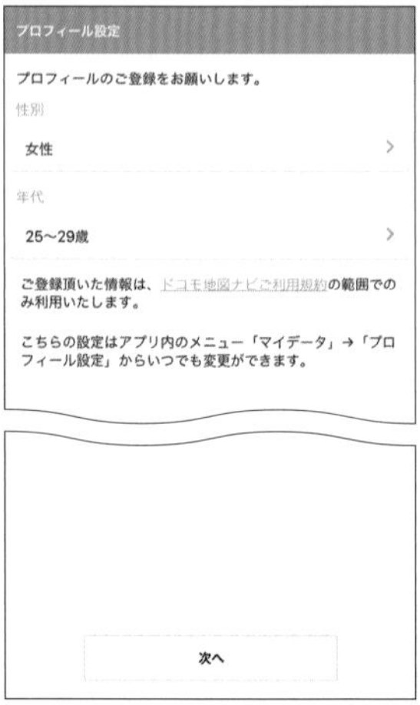

プロフィール設定
プロフィールのご登録をお願いします。
性別
女性
年代
25〜29歳
ご登録頂いた情報は、ドコモ地図ナビご利用規約の範囲でのみ利用いたします。
こちらの設定はアプリ内のメニュー「マイデータ」→「プロフィール設定」からいつでも変更ができます。
次へ

3 現在地周辺の地図が表示されたら、検索欄をタップします。

お店・住所・駅・TEL
自宅へ
メニュー
タップする
区立神谷体育館
神谷小
神谷図書館
北神谷局
富士見幼稚園
アルファホームズ東十条
神谷病院

4 検索したい場所を入力し、＜検索＞をタップします。

ディズニーランド
キャンセル
①入力する
区立神谷体育館
神谷小
神谷図書館
富士見幼稚園
アルファホームズ東十条
②タップする
あ
か
さ
た
な
は
ABC
ま
や
ら
検索

5 検索した場所が表示されます。吹き出し部分（ここでは＜東京ディズニーランド＞）をタップします。

6 ＜ナビ＞をタップします。

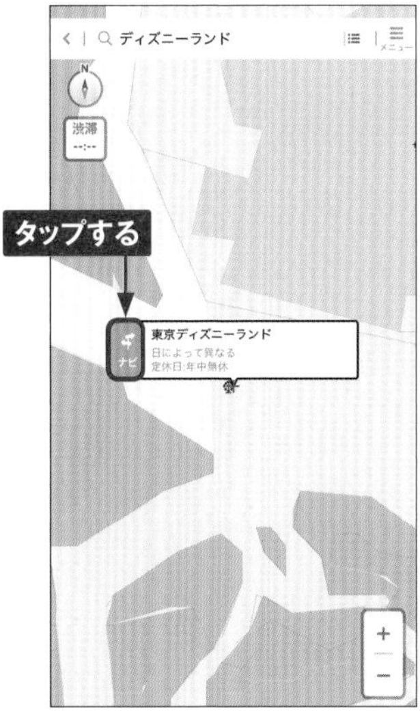

7 移動手段を「車」、「電車・徒歩」、「自転車」の中からタップして選択し、＜ルート検索＞をタップします。

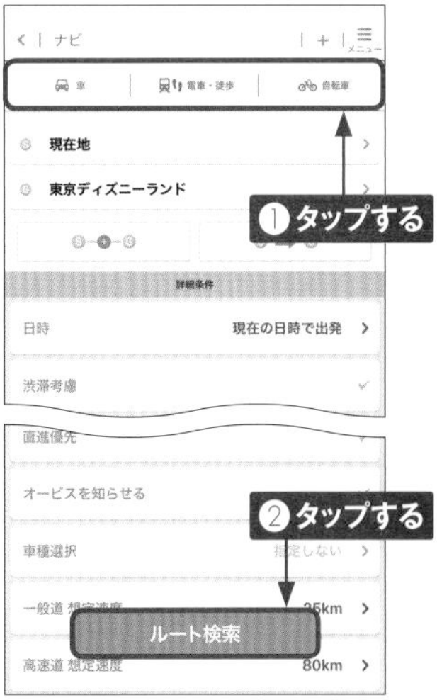

8 選択した移動手段でのルート候補が表示されます。＜詳細＞をタップすると、より詳しい情報を確認できます。

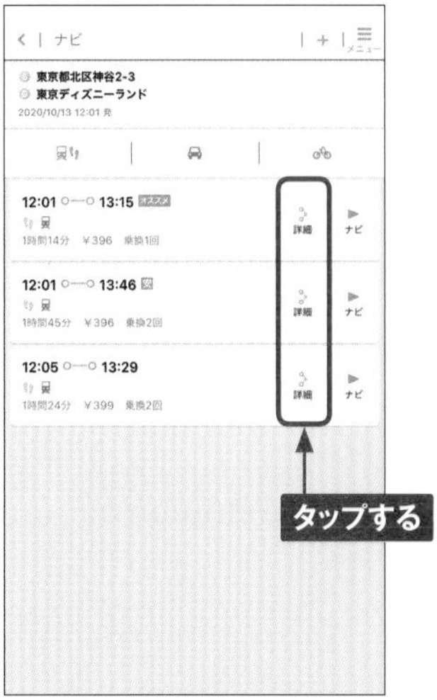

3

データ保管BOXにバックアップする

データ保管BOXを利用すると、さまざまなデータをクラウドストレージに5GBまで保存でき、スマートフォンやタブレットなどの各端末から閲覧や編集ができます。また、共有することも可能です。

Androidからデータ保管BOXに保存する

1 アプリ一覧画面で<ドコモ>→<データ保管BOX>の順にタップします。初回起動時は、画面の指示に従って設定を行います。

2 <ファイルをアップロード>をタップします。

3 アップロードしたいファイルの種類(ここでは<ドキュメント>)をタップします。

4 アップロードしたいファイルを長押ししてチェックを付け、<選択>をタップします。

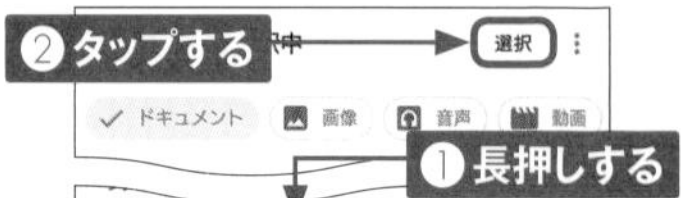

5 アップロードしたい場所を選んで、<アップロード>をタップすると、ファイルがアップロードされます。

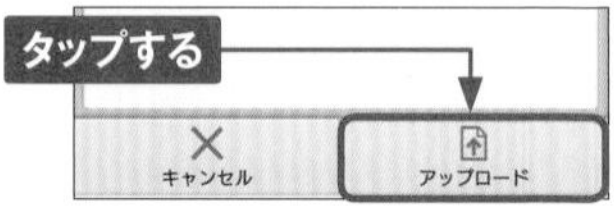

3

Androidでデータ保管BOXを共有する

●初期設定をする

1 データ保管BOXを開き、<共有データ>をタップします。「共有機能のご案内」が表示されたら、<設定する>をタップします。

2 メールアドレスとニックネームを入力し、<完了>をタップすると、入力したメールアドレスにメールが届きます。メールに記載されたURLをタップして、設定を完了します。

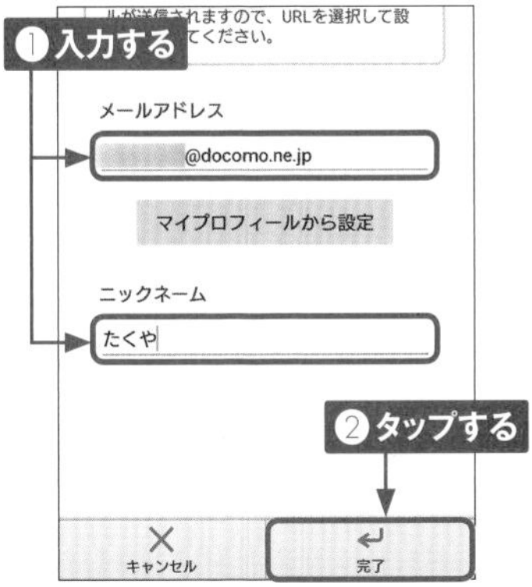

●データを共有する

1 左の手順①の画面で<閲覧>をタップし、共有したいフォルダやファイルの⋮→<共有する>の順にタップします。

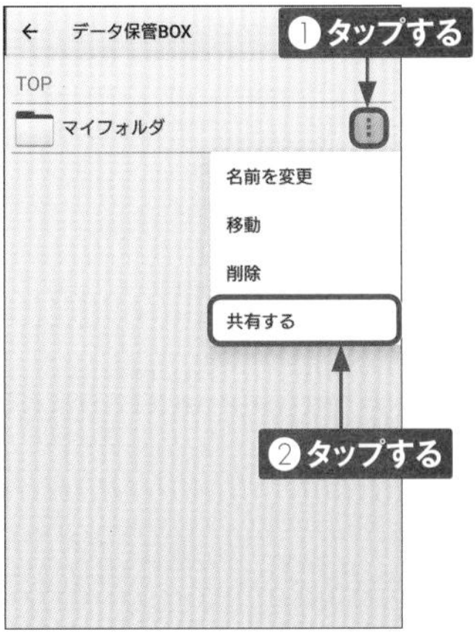

2 共有の種類をタップして選択し、画面の指示に従って共有を行います。

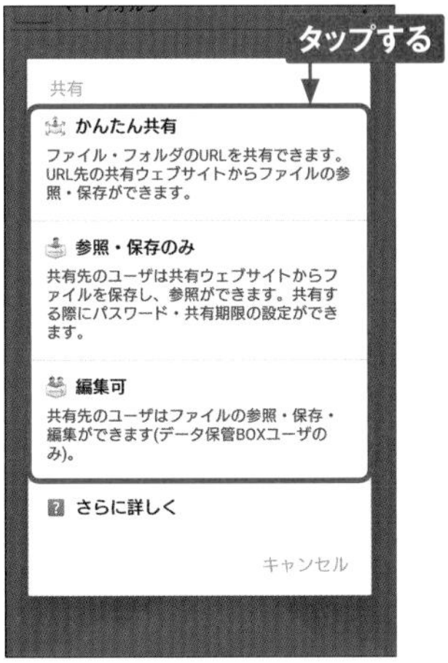

iPhoneからデータ保管BOXに保存する

1 事前に「データ保管BOX」アプリをインストールしたうえで、タップして開きます。初回起動時は、利用規約が表示されるので、内容を確認し、<同意する>をタップします。

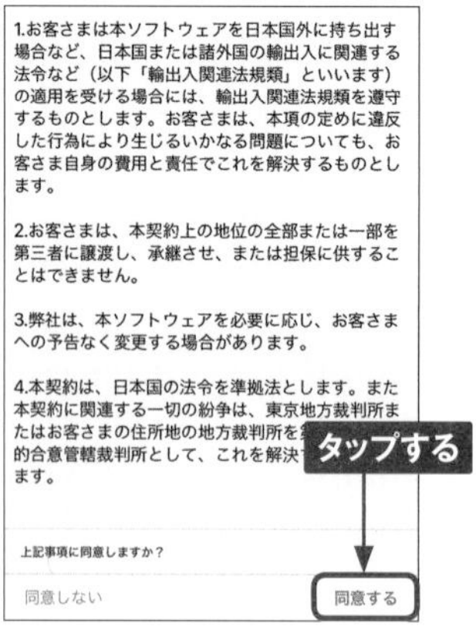

2 「dアカウントのID」を入力し、<次へ>をタップします。

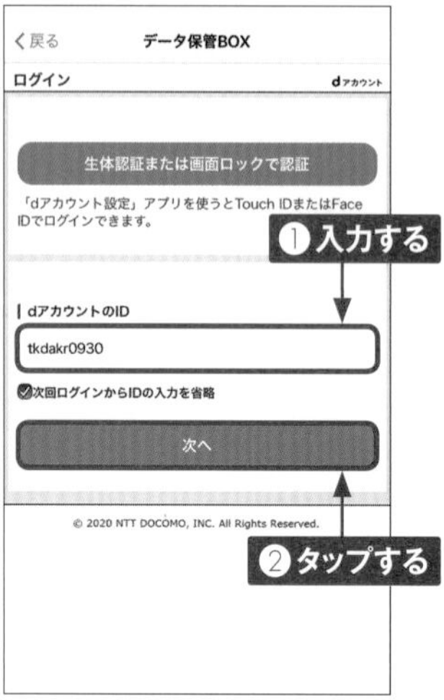

3 「パスワード」とSMSで通知される「セキュリティコード」を入力し、<ログイン>をタップします。

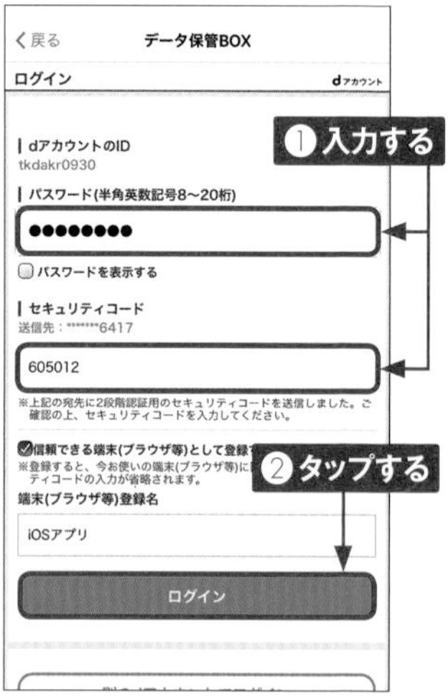

4 <ファイルをアップロード>をタップします。

3

5 アップロードしたいファイルが保存されている場所（ここでは＜写真＞）をタップします。

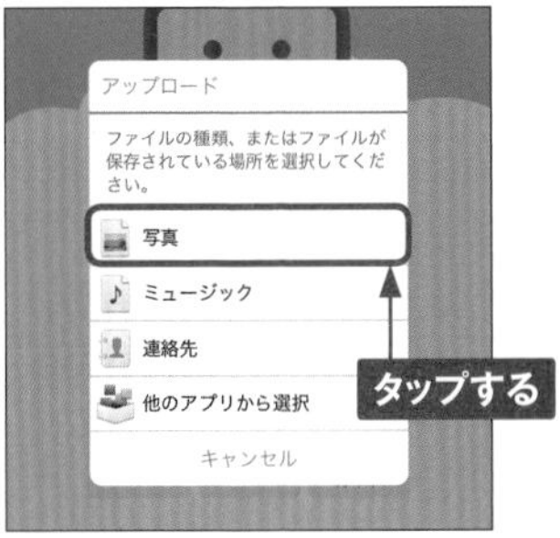

6 iPhone側でアプリの写真へのアクセス許可を行い、保存したい写真が入っているアルバム（ここでは＜旅行＞）をタップします。

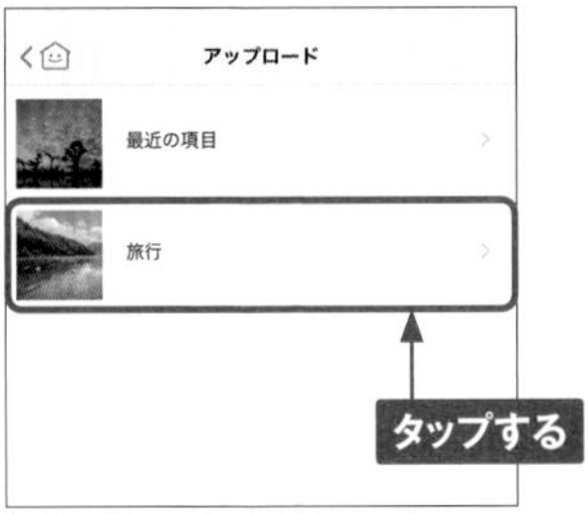

7 写真をタップして選択し、画面右上の＜完了＞をタップします。

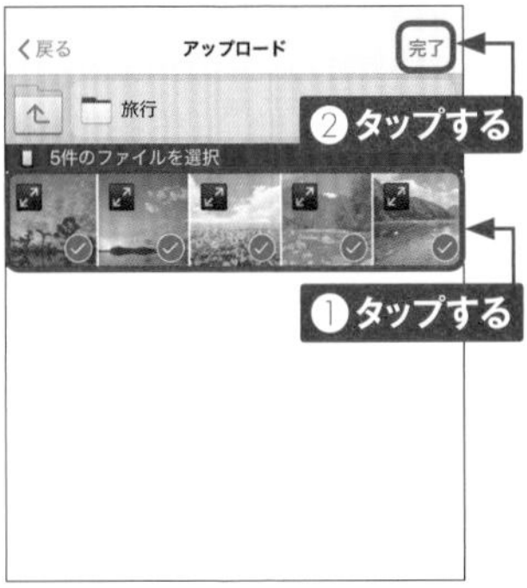

8 アップロードしたい場所（ここでは＜マイフォルダ＞）をタップします。

9 画面右上の＜開始＞→＜OK＞の順にタップします。

10 P.102手順④の画面で、＜閲覧＞→＜マイフォルダ＞の順にタップすると、アップロードした写真を確認できます。

オフラインでデータを利用する

① P.100手順②の画面で、<閲覧>をタップし、オフラインで利用したいデータの ⋮ をタップします。

② <オフラインで利用する>をタップします。

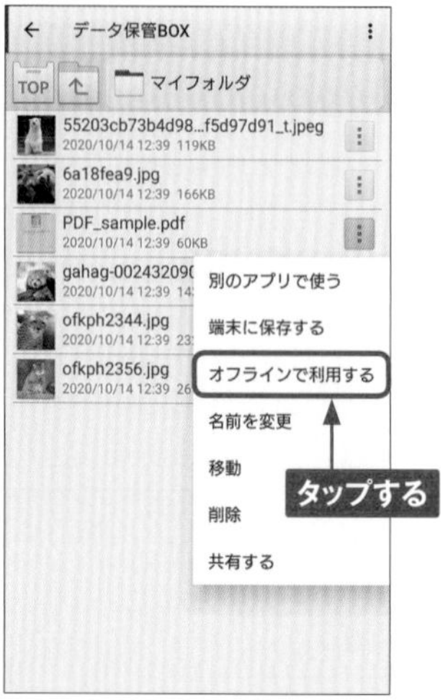

③ <OK>→<OK>の順にタップします。

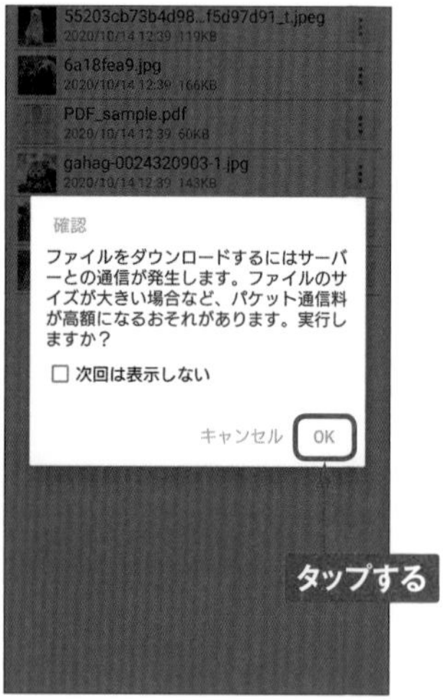

④ 設定が完了すると、アイコンが表示されます。

Chapter 4

コンテンツサービスを利用する

Section 36 ドコモのコンテンツサービスとは
Section 37 dマーケットを利用する
Section 38 dメニューで天気や情報を調べる
Section 39 dTVで国内外の映画やドラマを楽しむ
Section 40 DAZN for docomoでスポーツを楽しむ
Section 41 dアニメストアで懐かしい作品から最新作まで楽しむ
Section 42 dマガジンで雑誌の読み放題を利用する
Section 43 dミールキットで食材を配達してもらう
Section 44 スゴ得コンテンツでアプリを利用する

Section 36 Android iPhone

ドコモのコンテンツサービスとは

ドコモでは、さまざまな生活シーンで役立つ便利なコンテンツサービスを用意しています。ここでは、主ないくつかのコンテンツサービスについて紹介します。

ドコモのコンテンツサービスでできること

ドコモでは、さまざまなコンテンツが利用できるサービスを提供しています。ドコモのAndroidスマホやiPhoneにはこれらを利用するためのアプリやショートカットが登録されていますが、dアカウントがあれば、ドコモと電話契約をしていなくても、ほとんどのサービスが利用できます。
人気のアプリや動画などの楽しく遊べるコンテンツ、暮らしに役立つ情報や人気店のクーポンなど便利で旬な情報を活用してみましょう。

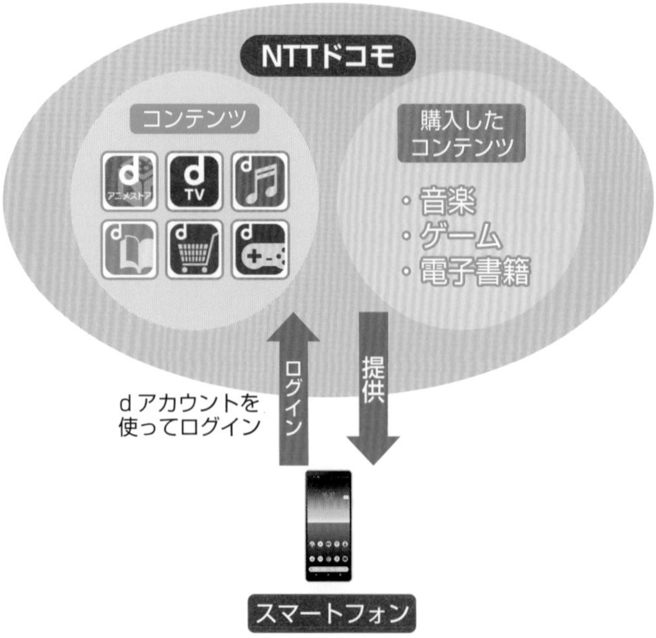

主なコンテンツサービスの対応アプリ

Sec.37 ～ 44では、Androidの画面で解説していますが、基本的にiPhoneでも同様の操作で利用することができます。

アイコン	サービス名	サービス内容	月額使用料
	dショッピング	ドコモが運営する総合通販サイトです。	―
	dブック	無料作品も読める電子書籍ストアです。	―
	dTV	国内外の映画やドラマ、アニメなど約12万作品が月額料金で見放題です。	500円
	dアニメストア	アニメ約1,700作品が月額料金で見放題です（一部、別途料金が必要な場合があります）。	400円
	dヒッツ	最新曲を含む多彩なプレイリストを月額料金で聴き放題です。	500円
	dヘルスケア	健康に関するミッションをクリアすると抽選でdポイントがもらえます。	―
	dマガジン	人気雑誌500誌以上を月額料金で読み放題です。	400円
	dカーシェア	カーシェア、レンタカー、マイカーシェアサービスを利用できます。	都度支払い
	dミールキット powered by Oisix	食材や調味料をセットで定期的に配達してくれるサービスです。	都度支払い
	DAZN for docomo	世界中のスポーツ動画が月額料金で視聴し放題です。	1,750円
	dTVチャンネル	さまざまな専門チャンネルの動画が月額料金で視聴し放題です。	780円
	dフォト	月額料金で写真をクラウドに保存したり、プリントしたりすることができます。	280円
	dキッズ	年齢別アプリや子育てアプリが月額料金で使い放題です。	372円
	dエンジョイパス	さまざまなジャンルのクーポンが月額料金で使い放題です。	500円

Section 37 Android iPhone

dマーケットを利用する

dマーケットは、各種コンテンツサービスをつなぐ役割を持っています。コンテンツの支払いには、月々のケータイ料金といっしょに支払うドコモ払いやdポイントによる決済などが用意されています。

dマーケットを起動する

1 アプリ一覧画面で＜dマーケット＞をタップします。初回は許諾画面などが表示されます。

2 dマーケットのトップページが表示されます。「サービスを探す」から、各コンテンツサービスを利用できます。

3 画面左上の＜メニュー＞をタップすると、人気メニューなどを見ることができます。

MEMO コンテンツの支払い方法

dマーケットの有料コンテンツの支払い方法には、「ドコモ払い」「dカード払い」「dポイントの利用」「クレジットカード払い」などがあります。なお、対応する支払い方法はストアなどによって異なります。

dポイントの獲得・利用履歴を確認する

① アプリ一覧画面で<dマーケット>をタップして開き、画面左上の<メニュー>をタップします。

② <dポイントを確認する>をタップします。

③ <dポイント詳細、dコインの確認>タップします。

④ <獲得・利用履歴>をタップします。

⑤ 「ネットワーク暗証番号」を入力し、<暗証番号確認>をタップします。

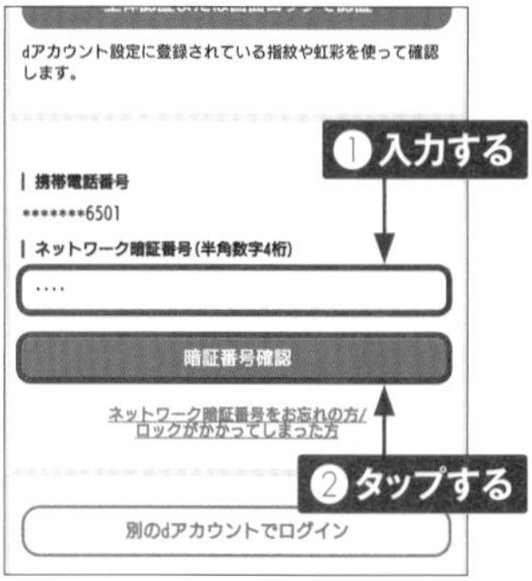

⑥ 獲得・利用履歴が表示されます。

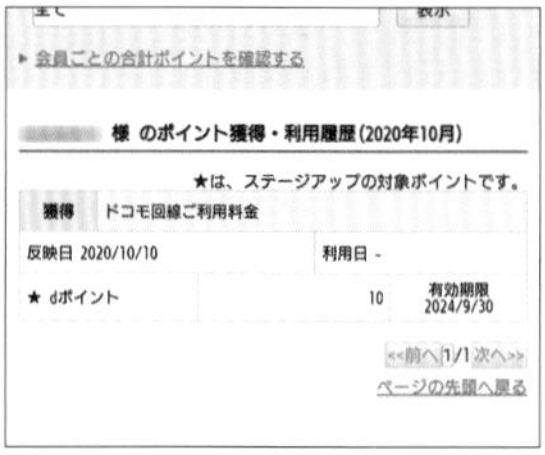

Section 38 Android iPhone

dメニューで天気や情報を調べる

ドコモのポータルサイト「dメニュー」を利用すると、ドコモのサービスにかんたんにアクセスしたり、メニューリストからWebページやアプリを探したりすることができます。

メニューリストから天気を調べる

① アプリ一覧画面で<dメニュー>をタップします。

② <メニューリスト>をタップします。

③ 「メニューリスト」画面が表示されます。画面を上方向にスワイプし、閲覧したいジャンル（ここでは<天気／メニュー>）をタップします。

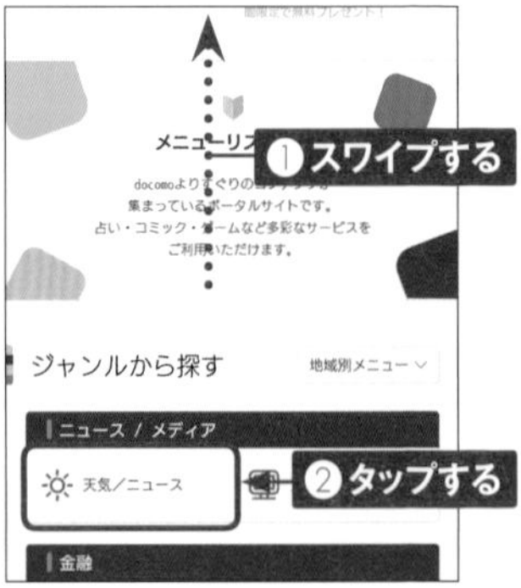

MEMO dメニューとは

dメニューは、ドコモのスマートフォン向けのポータルサイトです。ドコモおすすめのアプリやサービスなどをかんたんに検索したり、料金の確認などができる「My docomo」にアクセスしたりできます。

④ <一覧を見る>をタップします。

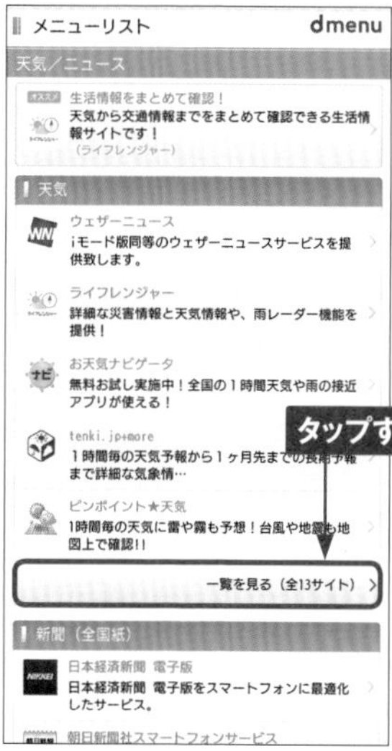

⑤ 一覧が表示されます。閲覧したいコンテンツのタイトル（ここでは<お天気ナビゲータ>）をタップします。

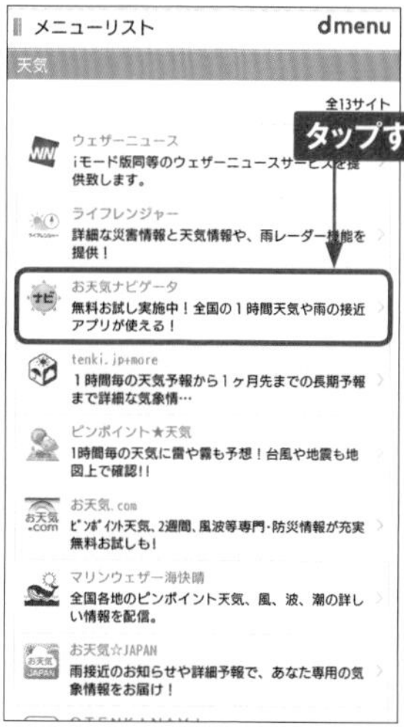

⑥ 手順⑤で選択したコンテンツが表示されます。

MEMO マイメニューを利用する

P.110手順②で<マイメニュー>をタップすると、「マイメニュー」画面が表示されます。登録したアプリやサービスの継続課金一覧、dメニューから登録したサービスやアプリを確認できます。アプリやサービスの内容確認、解約手続きなどが可能です。

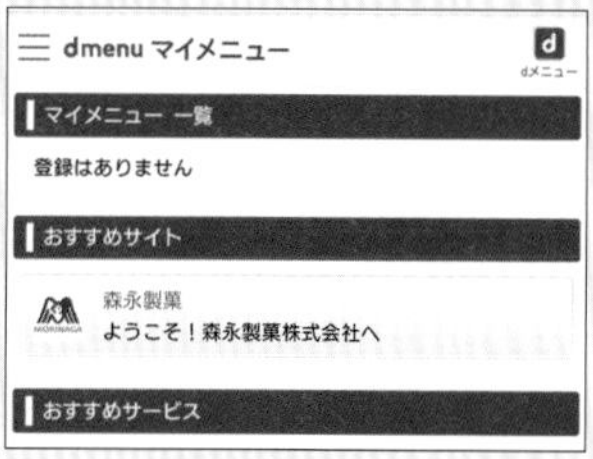

4

マイメニューに登録する

① アプリ一覧画面で<dメニュー>をタップします。

② <メニューリスト>をタップします。

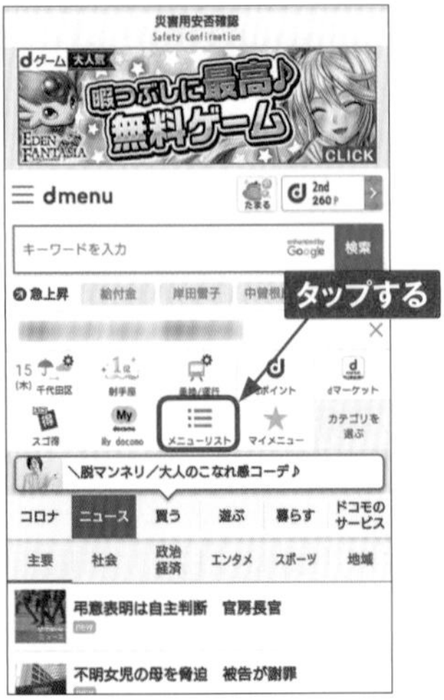

③ 画面を上方向にスワイプして、マイメニューに登録したいジャンル（ここでは<乗換／地図・ナビ／交通>）をタップします。

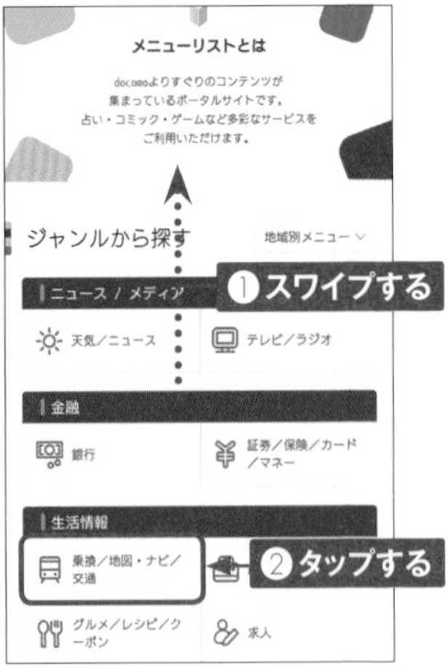

④ マイメニューに登録したいコンテンツ（ここでは<駅探★乗換案内>）をタップします。

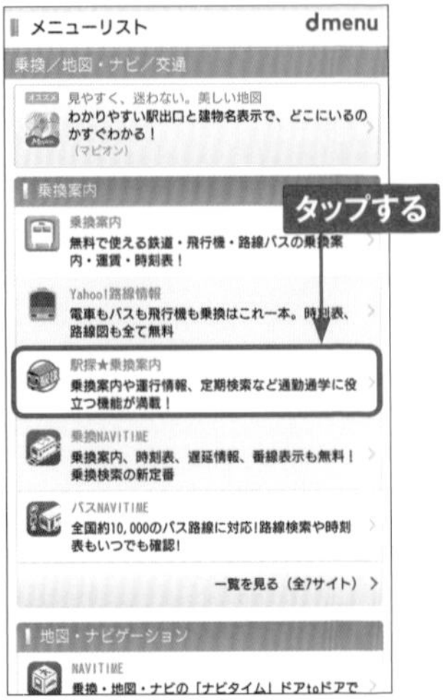

5 コンテンツの詳細が表示されます。<会員登録>をタップします（コンテンツによって文言が異なる場合や登録できない場合があります）。

6 決済方法（ここでは<docomo spモード決済>）をタップします。

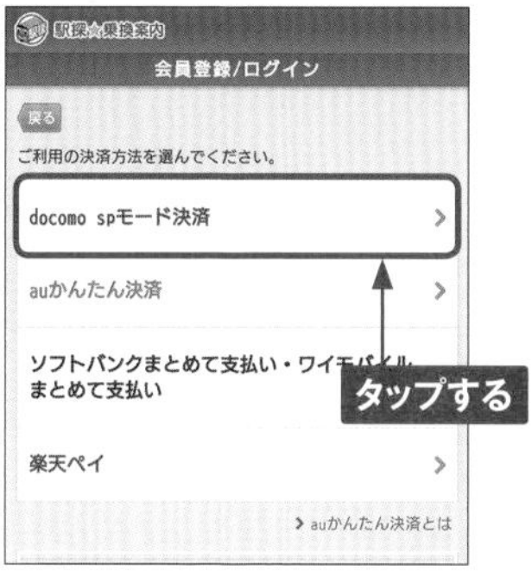

7 <お試しマイメニュー登録>をタップします。

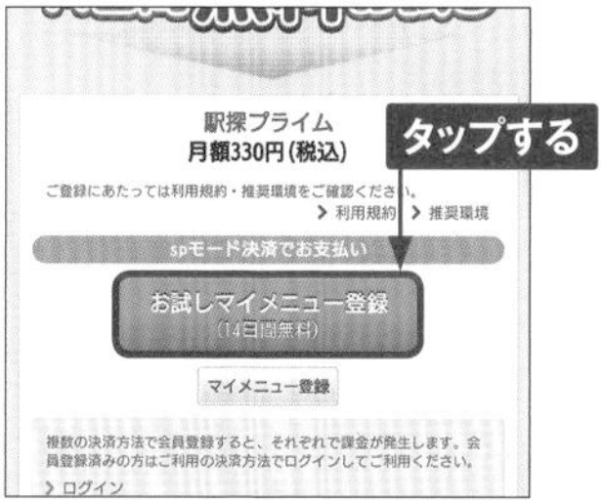

8 「spモードパスワード」を入力し、<承諾して登録する>をタップすると、マイメニューに登録されます。

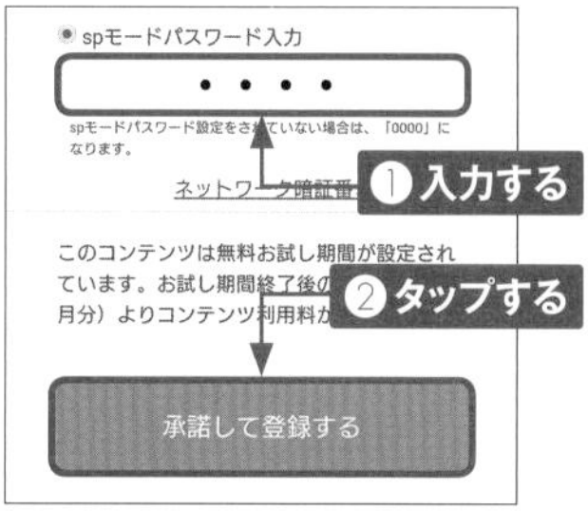

9 P.112手順②の画面で<マイメニュー>をタップします。

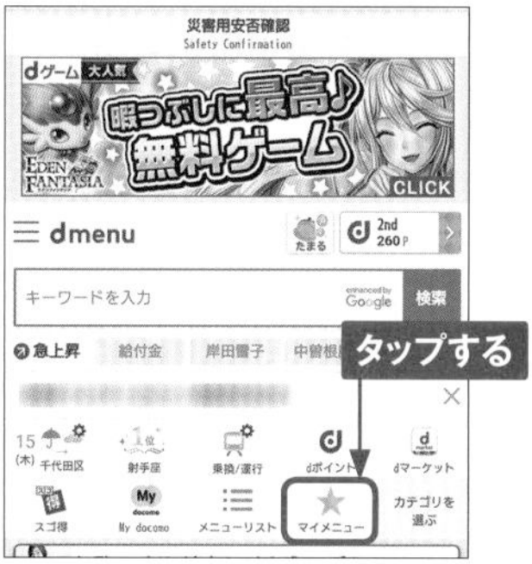

10 「マイメニュー一覧」にマイメニューに登録したコンテンツが表示されます。コンテンツをタップすると、利用できます。

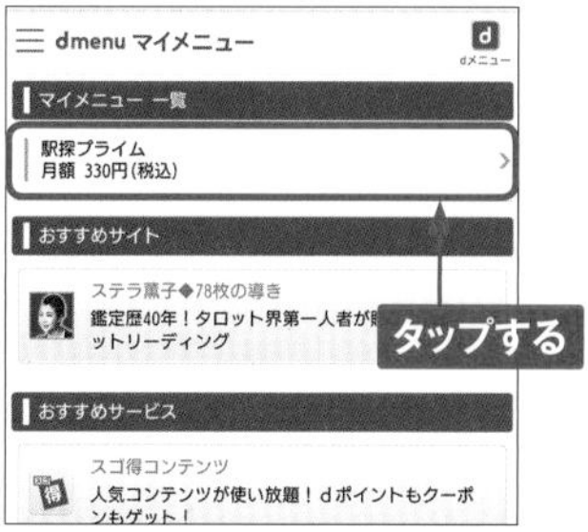

Section 39 Android iPhone

dTVで国内外の映画やドラマを楽しむ

dTVは、ドコモが提供する映像配信サービスです。月額500円で国内外の映画やテレビ番組など、さまざまなコンテンツをいつでもどこでも、パソコンなどでも楽しむことができます。

dTVの準備をする

① Androidは「dメニュー」から利用申し込みをすると、「dTV」アプリがインストールされます。iPhoneは「App Store」からインストールします。インストールされたら、＜dTV＞をタップして開きます。

② 規約が表示されます。内容を確認し、チェックボックスをタップしてチェックを付け、＜同意する＞をタップします。

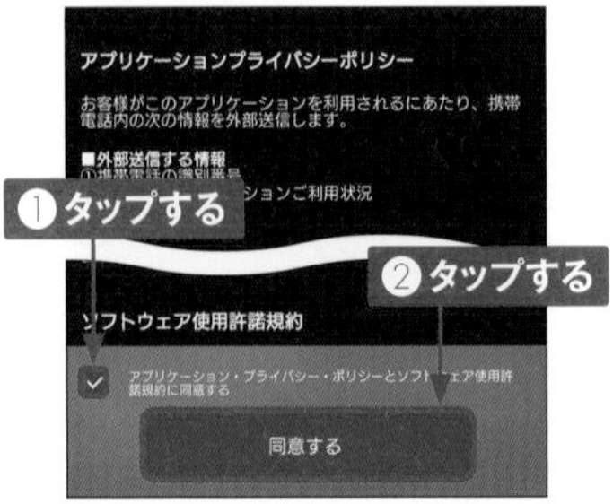

③ ＜dTVを始める＞をタップします。

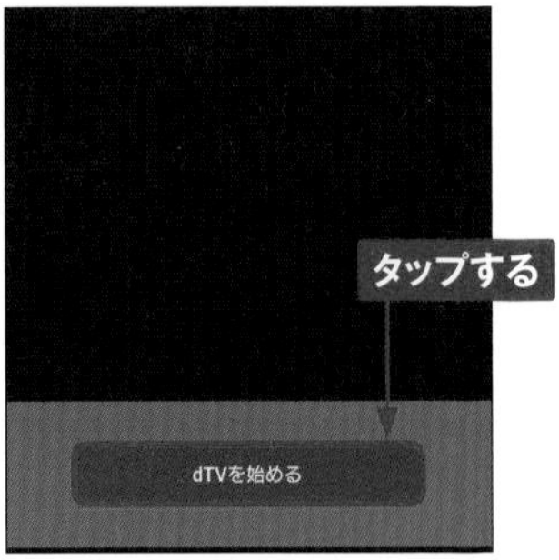

④ dTVのトップページが表示されます。

コンテンツを検索して視聴する

1 アプリ一覧画面で＜dTV＞をタップして開き、＜さがす＞をタップします。

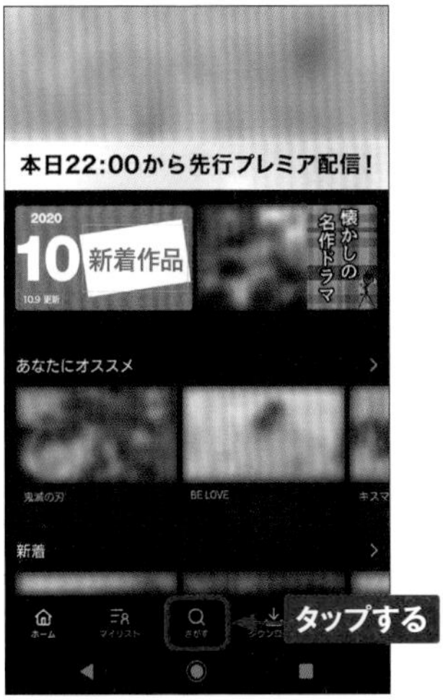

2 検索欄にキーワードを入力し、をタップします。

3 検索結果が表示されます。上下にスワイプし、視聴したいコンテンツをタップして選択します。

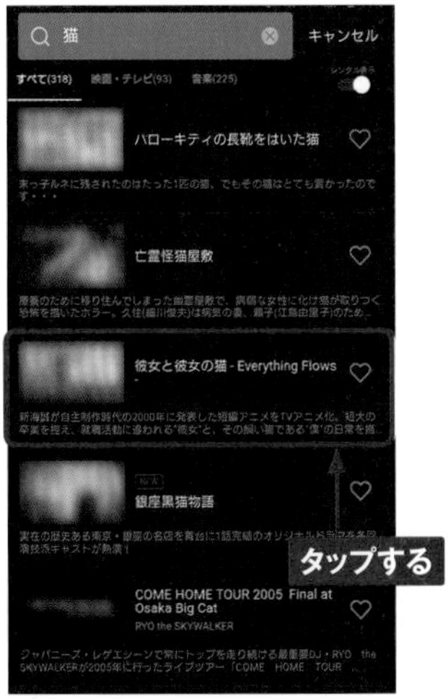

4 をタップすると、本編が再生されます。再生中に＜ダウンロード＞をタップすると、本編を端末内にダウンロードできます。

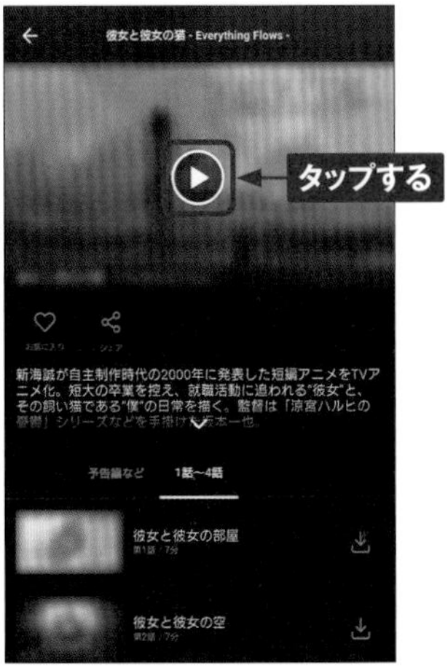

DAZN for docomo でスポーツを楽しむ

DAZN for docomoでは、月額1,750円で130以上のスポーツの動画コンテンツを見放題で楽しむことができます。スマートフォンだけではなく、パソコンやテレビなど複数の端末で利用できます。

DAZN for docomoの準備をする

1 事前に「dメニュー」から利用申し込みを行い、「DAZN」アプリをインストールしたうえで、タップして開きます。<ログイン>をタップします。

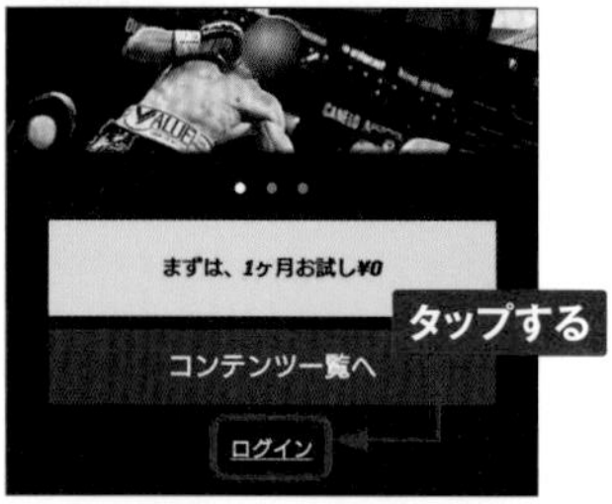

2 <dアカウント>をタップします。

3 <OK>をタップします。

4 DAZN for docomoのトップページが表示されます。

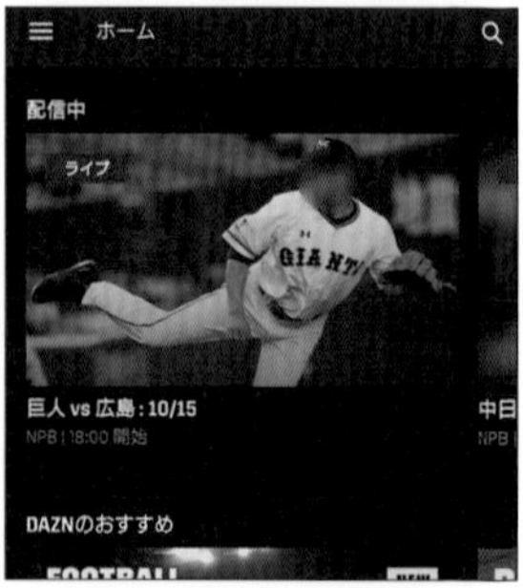

コンテンツを検索して視聴する

① アプリ一覧画面で<DAZN>をタップして開き、<スポーツ一覧>をタップします。

② 視聴したいスポーツ（ここでは<野球>）をタップします。

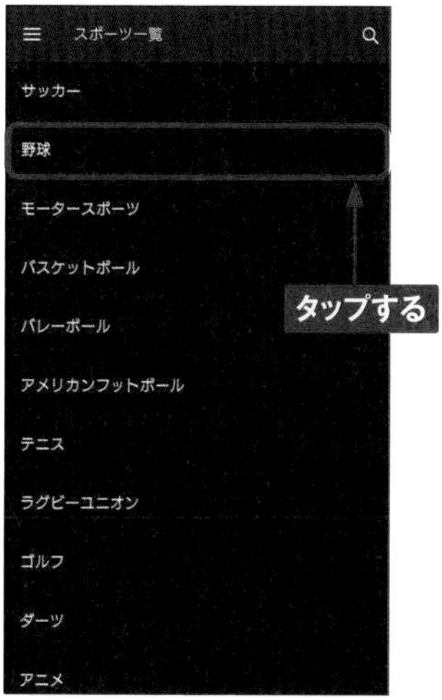

③ 画面を上方向にスワイプして、視聴したい動画を探し、タップして選択します。

④ 動画が再生されます。をタップすると、全画面表示に切り替わります。

Section 41 Android iPhone

dアニメストアで懐かしい作品から最新作まで楽しむ

dアニメストアでは、月額400円でストア内のアニメ動画を見放題で楽しむことができます。アニメ以外にも、アニメソングやミュージッククリップが聴き放題です。

アニメを視聴する

① Androidは「dメニュー」から利用申し込みをすると、「dアニメストア」アプリがインストールされます。iPhoneは「App Store」からインストールします。インストールされたら、<dアニメストア>をタップして開きます。

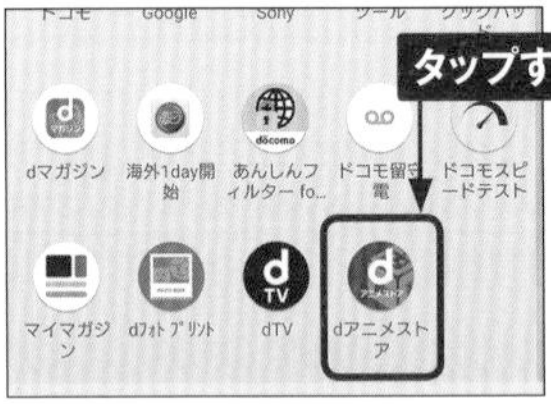

② <さがす>をタップします。

③ 視聴したい作品を入力または作品50音順、ジャンルをタップして検索します。ここでは<た>をタップします。

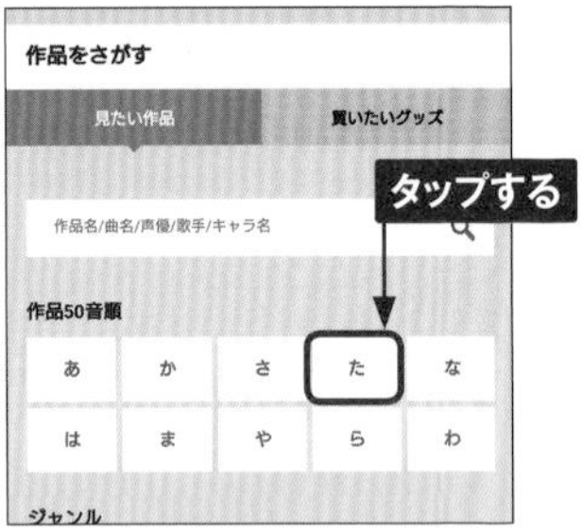

④ ［▶］をタップすると、「は」以降を表示させることができます。

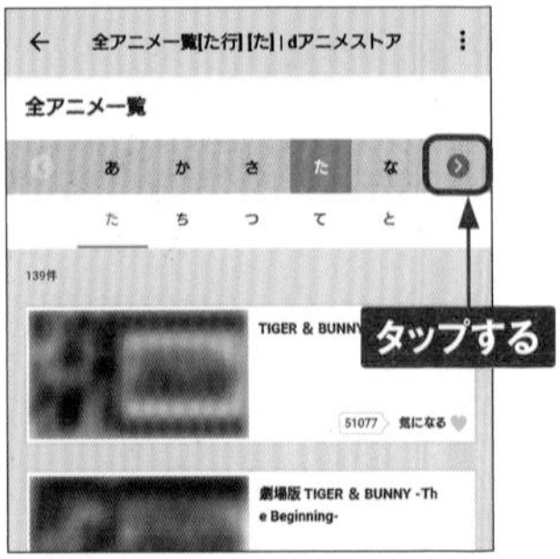

5 視聴したい作品名をタップします。

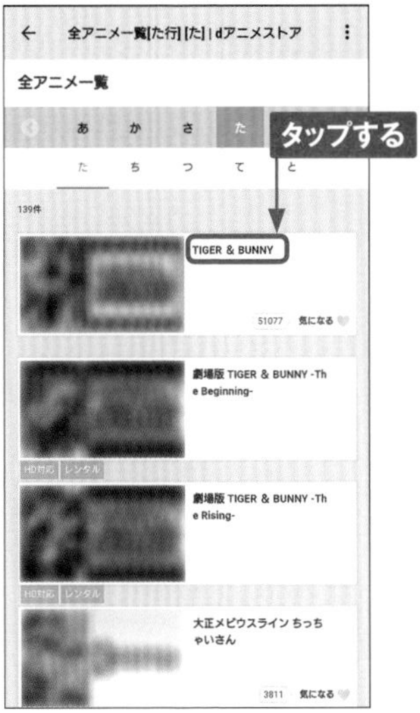

6 作品ページが表示されます。＜エピソード＞をタップすると、すべてのタイトルが表示されます。視聴したいタイトルをタップします。

7 視聴方法や画質を選んでタップすると、本編が再生されます。

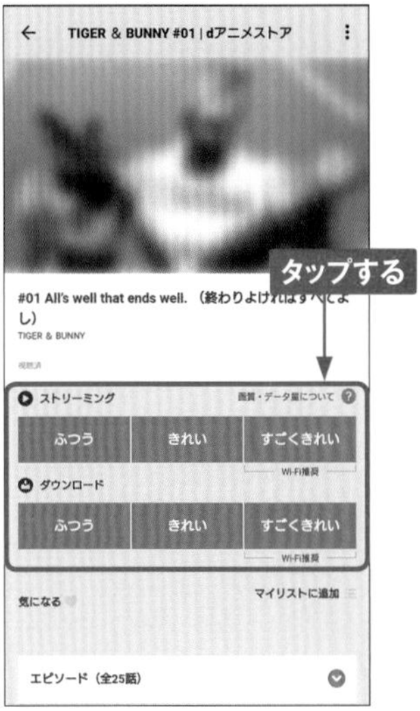

MEMO ストリーミングとダウンロード

「ストリーミング」は、その場で動画データを読み込みながら再生します。「ダウンロード」は、動画ファイル全体を一度端末内にダウンロードし、メディアプレイヤーで再生します。

4

dマガジンで雑誌の読み放題を利用する

dマガジンは、月額400円で多彩なジャンルの雑誌を160誌以上読むことができるサービスです。また、ムック本や増刊号のラインナップも充実しています。

dマガジンの準備をする

1 Androidは「dメニュー」から利用申し込みをすると、「dマガジン」アプリがインストールされます。iPhoneは「App Store」からインストールします。インストールされたら、<dマガジン>をタップして開きます。

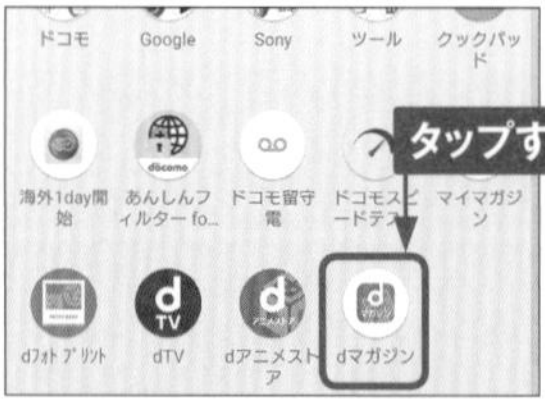

2 「dマガジンの利用確認」画面が表示されます。<次の画面へ>をタップし、アクセス許可を求められたら<許可>をタップして進みます。

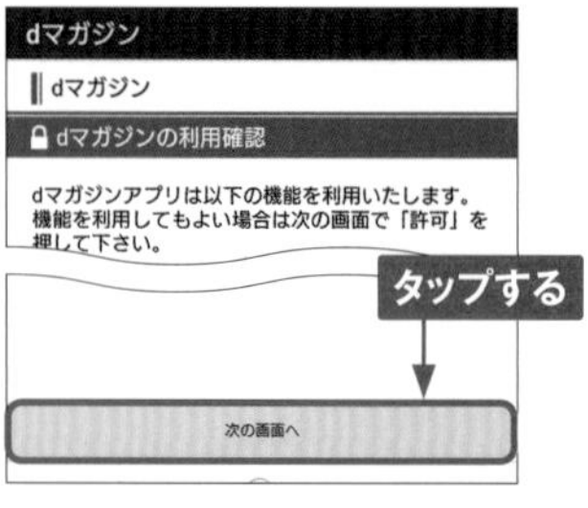

3 規約が表示されます。内容を確認し、チェックボックスをタップしてチェックを付け、<利用開始>をタップします。

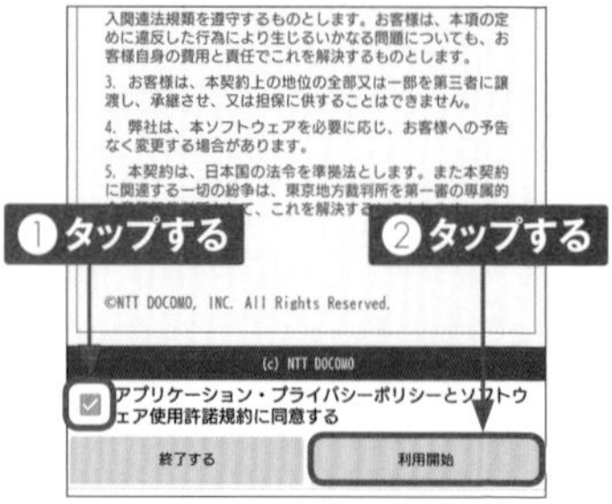

4 「チュートリアル」が表示されたら、<スキップ>をタップします。dマガジンのトップページが表示されます。

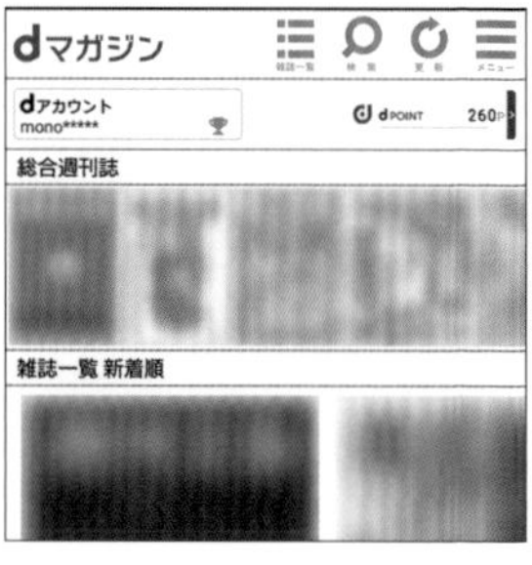

雑誌を探す

① アプリ一覧画面で<dマガジン>をタップして開きます。上下にスワイプすると、雑誌のカテゴリを切り替えることができます。

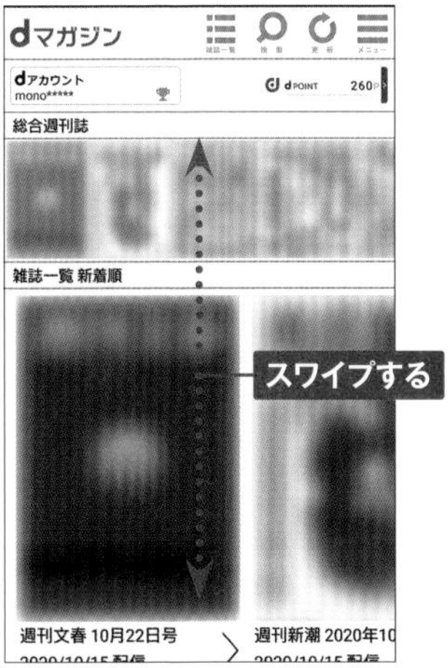

② 雑誌を左右にスワイプすると、カテゴリ内の雑誌を表示させることができます。

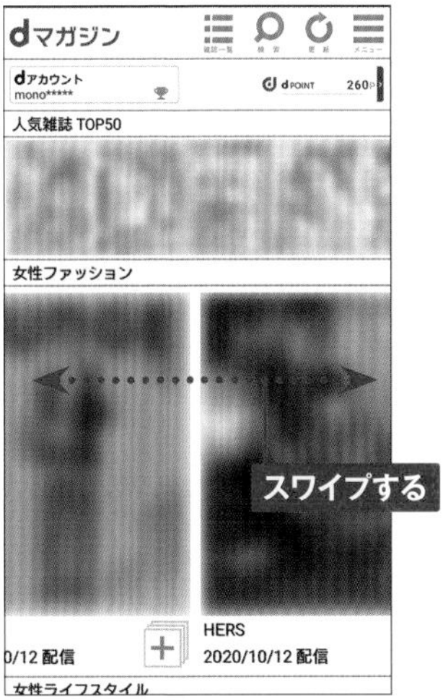

③ 手順①の画面で、画面上部の<雑誌一覧>をタップすると、雑誌の一覧が50音順で表示されます。なお、<ムック・増刊>をタップすると、同様に50音順で表示されます。

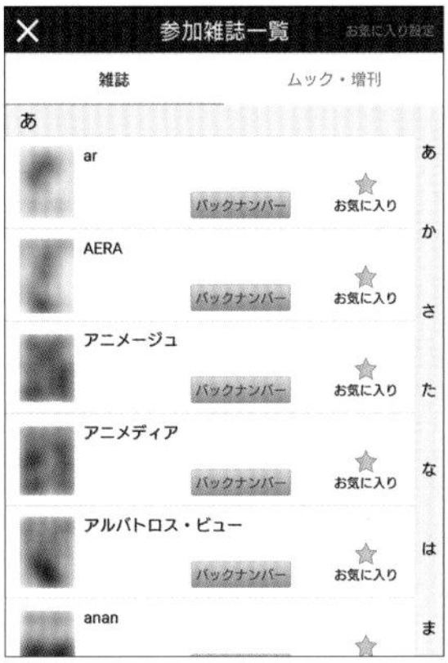

④ 手順①の画面で、画面下部の<記事から選ぶ>をタップすると、記事の内容から雑誌を探すことができます。

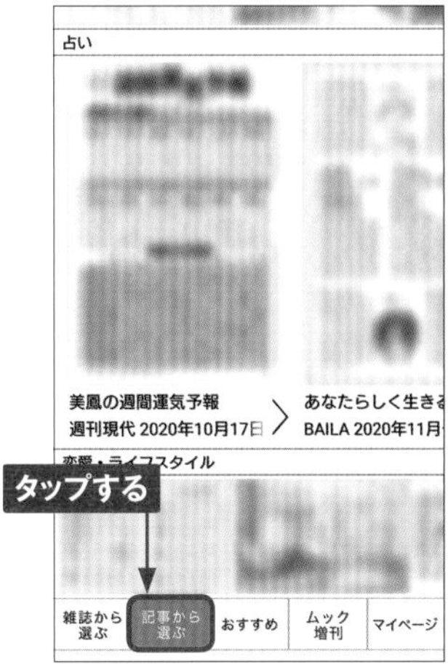

4

雑誌を閲覧する

1 アプリ一覧画面で<dマガジン>をタップして開き、画面上部の<雑誌一覧>をタップします。

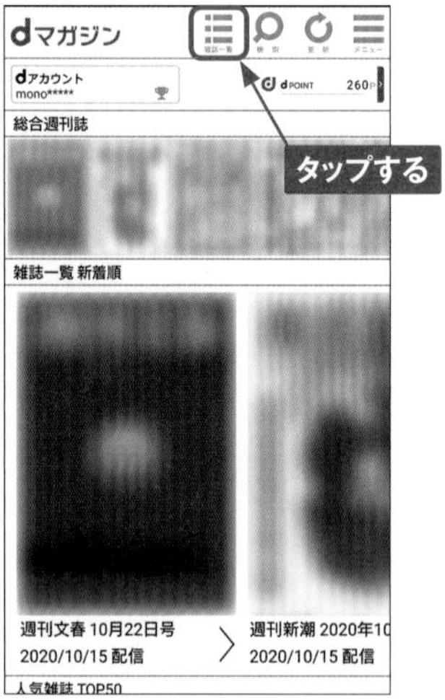

2 画面を上下にスワイプし、閲覧したい雑誌の<バックナンバー>をタップします。

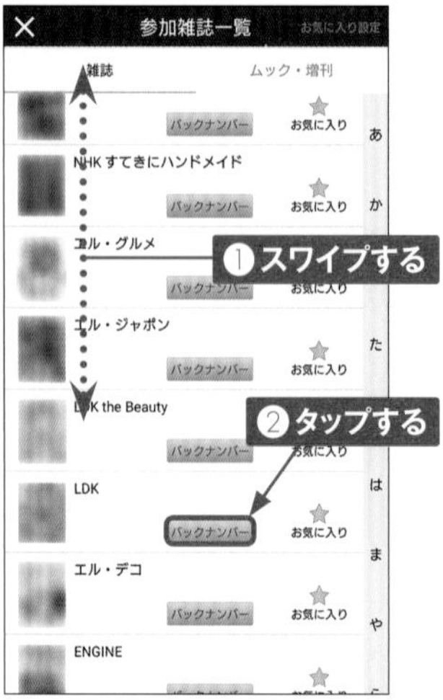

3 <今すぐ読む>をタップします。なお、「バックナンバー」に表示されている雑誌をタップすると、過去のナンバーを閲覧できます。

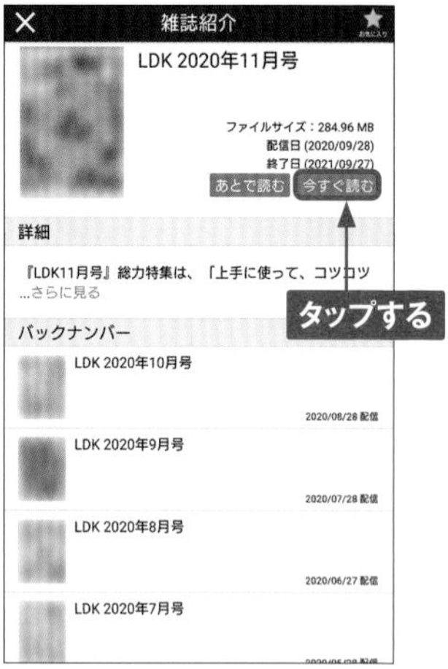

4 雑誌が表示されます。画面を左右にスワイプすると、ページを移動できます。

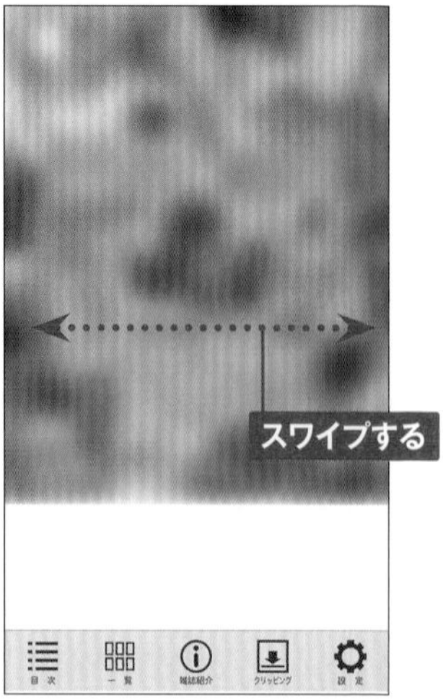

1 P.122手順④の画面で、画面下部の<一覧>をタップすると、ページが一覧で表示されます。左右にスワイプしてページをタップすると、タップしたページを表示させることができます。

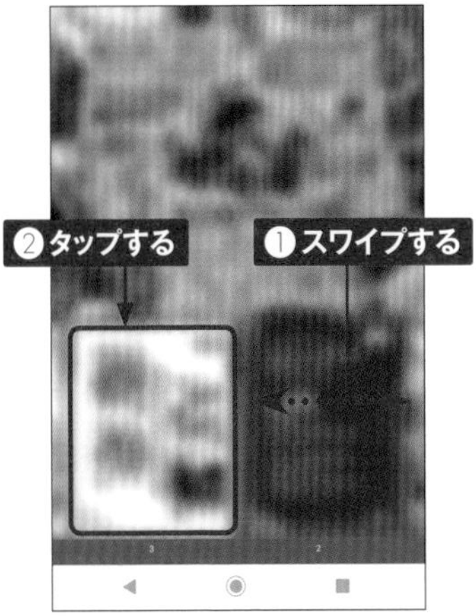

2 P.122手順④の画面で、画面右下の<設定>をタップすると、明るさの調整やページを移動する際のタップ範囲を設定できます。

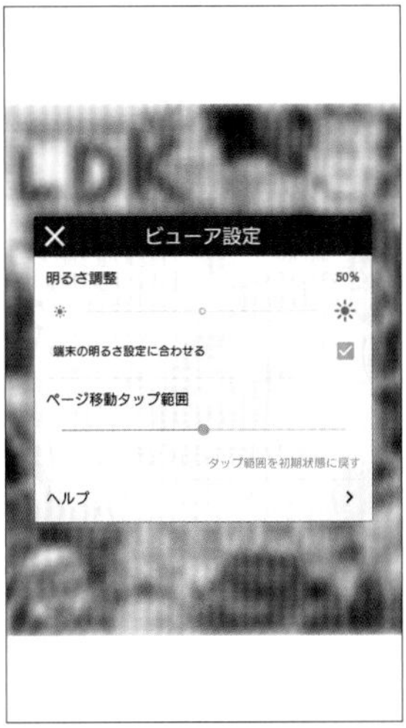

MEMO

クリッピングを利用する

クリッピングは、雑誌閲覧中に1ページ単位で記事を保存できるサービスで、最大100枚まで保存することができます。クリッピングしたいページ画面をタップし、画面下部の<クリッピング>をタップします。dマガジンのトップ画面で、画面右下の<マイページ>→<クリッピング>の順にタップすると、クリッピングしたページを確認することができます。なお、クリッピングができないページもあります。

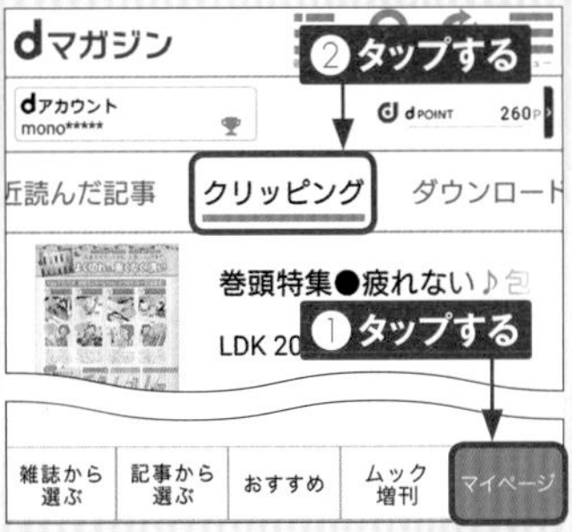

Section 43 Android iPhone

dミールキットで食材を配達してもらう

dミールキットは、毎週一回、一週間分のミールキットや便利な食品を届けてくれるサービスです。ここでは、トライアルキットの申し込み手順を解説します。

トライアルキットを申し込む

1 アプリ一覧画面で<dメニュー>をタップして開き、画面を上方向にスワイプして、<ミールキット>をタップします。

2 <ログイン／発行する>をタップします。

3 「パスワード」を入力し、<パスワード確認>をタップします。

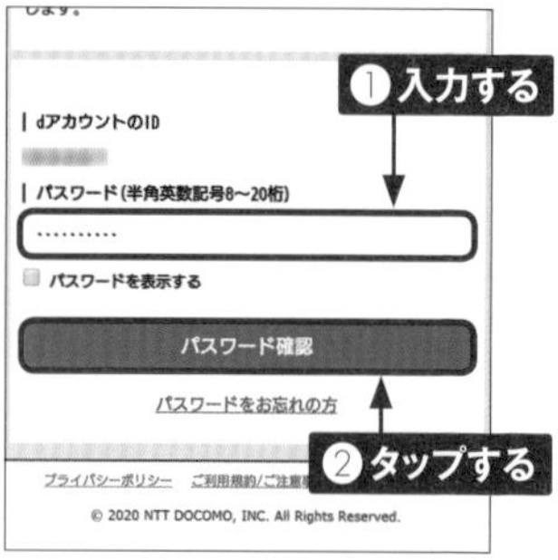

4 <お申込みはこちら>をタップします。

5 「郵便番号」を入力し、<選択してください>をタップして受け取り日時を選択し、<次に進む>をタップします。

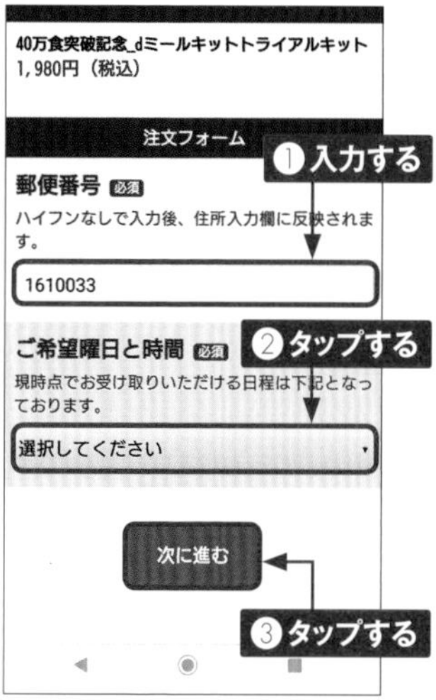

6 届け先や支払い方法を設定し、<同意して入力内容を確認する>をタップします。

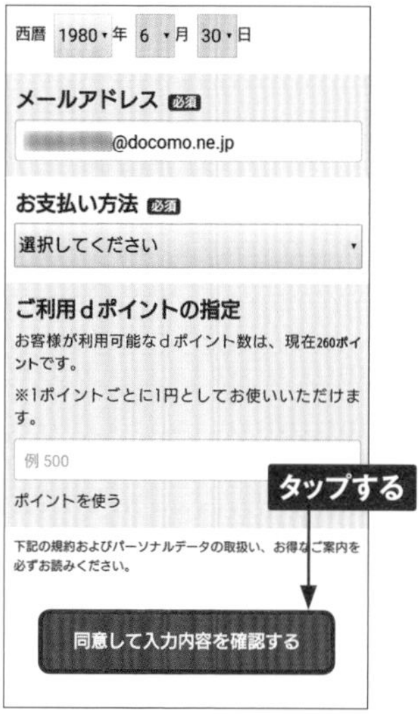

7 <同意して注文する>をタップすると、申し込みが完了します。

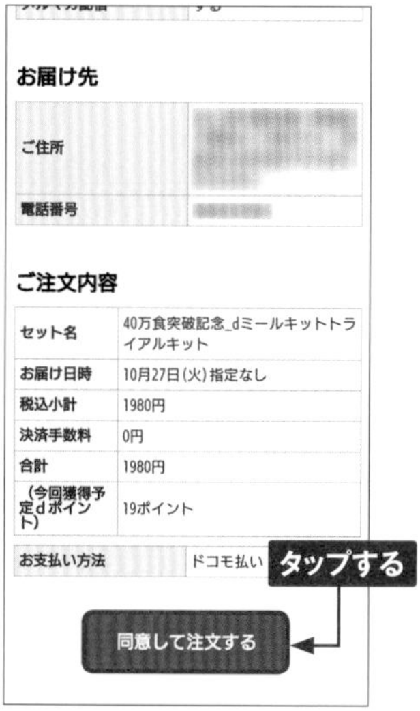

MEMO **トライアルキットとは**

dミールキットの商品をお得な価格で試すことができるセットです。送料無料で、商品の品質を確認することができます。なお、トライアルキットの申し込みは一人一回のみで、申し込み後のキャンセルはできないので、注意してください。

Section 44 Android iPhone

スゴ得コンテンツでアプリを利用する

スゴ得コンテンツは、約200種類の人気のコンテンツやアプリが月額380円で使い放題のお得なサービスです。利用には、申し込みが必要です。

スゴ得コンテンツ一覧

アイコン	サービス名	サービス内容
	ウェザーニュース for スゴ得	天気予報をはじめ、災害時の最新情報まで配信されています。
	NAVITIME for スゴ得	乗換案内から徒歩のナビまで、完全サポートのサービスです。
	ちょこっとゲーム	アプリゲームやWebゲームなどが遊び放題です。
	ココダヨ for スゴ得	地震発生時に家族間で連絡をとったり、現在地を共有したりできます。
	NAVITIMEドライブサポーター	ナビ機能に加え、交通取締情報や渋滞情報が配信されます。
	クックパッド殿堂入りレシピ for スゴ得	340万品を超えるレシピから「殿堂入りレシピ」を見つけることができます。
	有名スタンプ☆取り放題 for スゴ得	人気クリエイターのスタンプや壁紙などをダウンロードできます。
	今日の運勢&おみくじ新宿の母 for スゴ得	今日の運勢やおみくじ、姓名判断などの占いを楽しむことができます。
	和×ゴス×キセカエ for スゴ得	スマートフォンのきせかえや壁紙などをダウンロードできます。
	宝くじゲット for スゴ得	宝くじの抽選結果や購入の参考となる情報が配信されています。

※AndroidとiPhoneでは、利用できるコンテンツが一部異なります

Chapter 5

ドコモのキャッシュレス決済を利用する

Section 45 スマホで利用できるキャッシュレスサービス
Section 46 ドコモが提供するキャッシュレスサービス
Section 47 dカードならよりお得に使える
Section 48 d払いとは
Section 49 d払いの特徴を確認して賢く使う
Section 50 d払いの利用を開始する
Section 51 d払いの画面の見方を確認する
Section 52 d払いの支払い方法を変更する
Section 53 d払いにチャージする
Section 54 d払いをお店で利用する
Section 55 iDとは
Section 56 iDの特徴を確認して賢く使う
Section 57 iDにクレジットカードを登録する
Section 58 iDをお店で利用する

Section 45 Android iPhone

スマホで利用できるキャッシュレスサービス

スマホで利用できるキャッシュレス決済は、大きく分けて「非接触型決済（NFC）」と「QRコード決済」に分けられます。ここでは、それぞれの特徴や支払い方法について解説します。

スマホで利用できるキャッシュレスサービスの種類

キャッシュレス決済は現金を持たなくてよいので、会計スピードが早くなったり、ポイント還元があったりするなどのメリットがあります。なお、電車やバスへの乗車時に利用する「Suica」や「PASMO」などの交通系電子マネーカード、「iTunesカード」や「Google Playカード」などのプリペイド式カードもキャッシュレスサービスの一部です。

非接触型決済（NFC）

スマホを決済用の専用端末にかざして決済する方法です。スマホ内にクレジットカードや電子マネーを登録することで利用可能になります。なお、スマホにFeliCaチップが搭載されている必要があります。

主要非接触型決済（NFC）

「iD」「Apple Pay」「Google Pay」「モバイルSuica」「モバイルPASMO」「楽天Edy」「QUICPay」

QRコード決済

QRコード（バーコード）を使い決済する方法です。決済方法は、店舗のレジのシステムにより異なり、「スマホ画面に表示したQRコードを店舗側に読み取ってもらう」もしくは「店舗に設置されたQRコードをユーザーがスマホで読み取り、金額を入力して決済する」のいずれかです。QRコード決済は、アプリをダウンロードして利用するため、海外製の格安スマホなどを含むスマホ全般に対応している特徴があります。

主要QRコード決済

「d払い」「PayPay」「LINE Pay」「楽天Pay」「メルペイ」

キャッシュレスサービスの利用料金の支払い方法

キャッシュレスサービスは便利で魅力的なサービスですが、あれこれとたくさんの決済方法で支払い、利用料金を把握できなくなってしまう状態は避けたいところです。自分に合ったキャッシュレスサービスを利用するために、利用料金の支払い方法も確認しておきましょう。

●前払い方式

事前に金額をチャージする方法です。現金やクレジットカード、ATM、銀行口座からチャージします。手間はありますが、入金した金額しか利用できないので、使い過ぎの防止になります。また、クレジットカードと連携することで、自動でチャージしてくれる「オートチャージ機能」が搭載されているものもあります。多くのQRコード決済は、この方法を採用しています。

●後払い方式

利用した料金を後日まとめて支払う方法です。支払いのたびにチャージする必要はありません。「Apple Pay」や「Google Pay」などの非接触型決済（NFC）は、この方法を採用しています。

●即時決済

決済と同時に紐づけられている銀行口座からすぐに利用金額が引き落とされる方法です。リアルタイムに引き落とされるので、現金のように使えます。なお、口座に入金されている金額以上は利用できません。

MEMO

間違えやすい「キャリア決済」

スマホで利用できるキャッシュレスサービスと混同されがちなのが「キャリア決済」です。キャリア決済ではドコモやソフトバンク、auなどの各キャリアのスマホの通信料金とキャリア決済に対応したサービスで利用した分の料金をいっしょに支払うことができます。また、IDとパスワード、暗証番号を入力するだけでかんたんに決済できるので、ネットショッピングなどでは便利な方法です。しかし、キャリア決済は店舗のレジでは利用できません。実際の店舗での支払い時には、非接触型決済（NFC）かQRコード決済のどちらかを選びましょう。

Section 46 Android iPhone

ドコモが提供するキャッシュレスサービス

電子マネーやクレジットカード、IT系キャッシュレスサービスの普及に合わせ、ドコモからもキャッシュレスサービスが提供されています。

ドコモが提供するキャッシュレスサービスの種類

ドコモが提供するキャッシュレスサービスは、ドコモユーザーならすぐ利用可能で、ライフスタイルに合わせて選ぶことができます。また、ドコモユーザー以外でもdアカウントの発行や申し込みによって利用可能です。それぞれの特徴やメリットに応じて、お得にキャッシュレス生活を始めてみましょう。

●d払い

ドコモが提供しているQRコード決済サービスです。バーコードをスマートフォンに表示させ、それを読み取ってもらうだけで、かんたんに支払いが完了します。ドコモユーザーでなくても、dアカウントとd払いのアプリで利用可能です。

●dカード

ドコモが発行するクレジットカードです。「dカード」と「dカードGOLD」の2種類があります。年会費や入会条件は異なりますが、どちらもdポイントの還元や充実した特典が多く、iDにも対応したお得なクレジットカードです。なお、審査不要でチャージ式の「dカードプリペイド」や家族でdポイントを共有する「dカード家族カード」などもあります。

●iD

ドコモが提供している非接触型決済サービスです。iD対応のクレジットカードを登録したスマホやiD対応のクレジットカードをかざすだけで、かんたんに支払いが完了します。「ポストペイ(後払い)」に加え、「プリペイド(前払い)」、「デビット(即時決済)」にも対応しています。

キャッシュレスでたまるdポイント

ドコモのキャッシュレスサービスでは、dポイントをお得にためることができるキャンペーンやプログラムが用意されています。「dポイントスーパー還元プログラム」では、「d払い」または「iD（dカード）」での利用金額に対し、通常の進呈ポイントに加え、さらに100円（税込）につき最大7%のdポイント（期間・用途限定）が還元されます。還元率アップの条件や還元率を確認し、キャッシュレスサービスとあわせてお得に活用しましょう。

●「dポイントスーパー還元プログラム」

還元率アップの条件	還元率
当月のdポイントクラブステージが プラチナステージ	1%
前月のdポイントをためた回数の合計	50～99回　0.5% 100回以上　1%
前月末時点のドコモ料金支払設定がdカード GOLD	1%
前月のネットでの支払いによる ①～④の合計金額 ①d払い ②ドコモ払い ③SPモードコンテンツ 決済 ④dマーケット等(月額・都度課金)	20,000～49,999円　1% 50,000円以上　2%
前月のdカード請求額 （毎月10日頃の確定請求額）	100,000～199,999円　1% 200,000円以上　2%

MEMO

マイナポイントとdポイント

マイナポイントとは、総務省が実施する消費活性化政策のひとつで、マイナンバーカードを持っている人を対象としたポイント付与施策です。対象のキャッシュレス決済を1つ選び、チャージまたは支払いをすると、上限5,000円分（付与率25%）のポイントがもらえます。キャッシュレス決済方法で、「d払い」または「dカード」を選んだ場合はポイントとして、「dポイント」が付与されます。

d払い
menu
マイナポイント
d払いを選んで※1
2万円分チャージまたはお買物すると
dポイント合計
6,000円分付与
dカード選択ならdポイント合計5,000円分付与
マイナポイント
上限5,000円分付与
d払い特典
上限1,000円分※2進呈
dポイント(期間・用途限定)※3
<d払い（チャージ時）にてお申込み頂く際のご注意事項>
銀行口座、セブン銀行ATM、コンビニからのチャージがマイナポイント付与の対象ですが、
現在、全ての提携金融機関における銀行口座登録／変更の受付を停止しております。
既にご登録済みの銀行口座からのチャージにつきま

Section 47 Android iPhone

dカードならよりお得に使える

dカードにはdポイントカードの機能が搭載されています。利用時には1%のdポイントを獲得できるなど、ドコモの契約者やサービスの利用者ならお得に使えるクレジットカードです。

dカードの特徴

ドコモが発行するクレジットカードとして、dポイントの還元や充実した特典が多く提供されています。お得に使うために重要なdポイントについて、紹介します。

●たまるdポイント

支払い時の金額100円ごとに「dポイント」が1ポイントたまります。水道光熱費、通信費、新聞購読費、放送料金など毎月発生する支払いもdカードのクレジット決済にすることで、ポイントがたまります。

●お得にためるdポイント

dカードが運営する「ポイントUPモール」を経由してのネットショッピング利用、dカードの特約店でのクレジット決済、dポイントの加盟店でのカード提示により、さらに1%～2%のdポイントをためることができます。

●dポイントの利用

たまったdポイントは、ドコモ関連での支払いやポイント移行など幅広く利用できます。

ポイント払い	携帯料金や追加データ量の追加購入の支払い、携帯電話機やオプション品購入の支払い、dポイント加盟店やdマーケットでの支払いなど
ポイント移行	JALマイル（5,000ポイント→2,500マイル）
景品・ギフトカード交換	家電、日用品、食料品、VJAギフトカードなど
その他	被災地支援募金などへの寄付

dカードの種類

クレジットカード機能のあるdカードは2種類のみです。なお、家族でdポイントを共有する「dカード家族カード」 なども追加カードとして発行可能です。

名称	dカード  	dカード GOLD 
入会条件	個人名義 満18歳以上（高校生を除く） 支払い口座は本人名義の口座を設定 など	個人名義 満20歳以上（学生は除く） 安定した継続収入 支払い口座は本人名義の口座を設定 など
年会費	無料	10,000円
追加カード	dカードETCカード dカード家族カード	dカードETCカード dカードGOLD家族カード
電子マネー	iD	iD Visaのタッチ決済
カードブランド	Visa/Mastercard	Visa/Mastercard
各種補償	海外緊急サービス 海外レンタカーサービス dカード ケータイ補償 紛失・盗難補償 など	海外緊急サービス 海外レンタカーサービス 海外旅行保険 国内旅行保険 dカードケータイ補償 紛失・盗難補償 など
特典	メール配信サービス	メール配信サービス 国内・ハワイの空港ラウンジ利用無料

d払いとは

d払いは、街のd払い加盟店やd払いサービス対応サイトでの支払い時に利用できる決済サービスです。dポイントが付与されたり、付与されたdポイントを決済に利用したりすることもできます。

d払いの利用の流れ

d払いとは、ドコモが提供しているスマホ決済サービスです。ドコモユーザーでなくても、dアカウントがあれば利用可能です。街のd払い加盟店でd払いを利用する際には、「d払い」アプリを利用すると便利です。QRコード（バーコード）をスマートフォンに表示させ、それを読み取ってもらうだけで、かんたんに支払いが完了します。現金を出したり、クレジットカード決済の署名をしたりするなどの煩わしい動作が必要ないことが最大の魅力です。ネットのd払いサービス対応サイトなどで利用する際には、支払い方法選択画面で選択し、4桁のパスワードを入力すると、決済が完了します。

●d払い加盟店での支払い手順

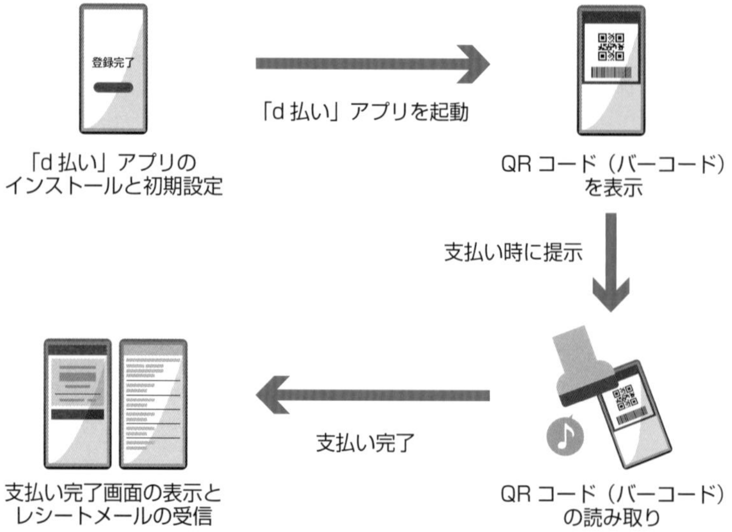

●d払いサービス対応サイトでの支払い手順

支払い方法選択画面で「d払い」を選択　4桁のパスワードを入力　決済完了

d払いの利用料金の支払い方法

d払いで選択できる支払い方法は、基本的に「月々の電話料金との合算払い」と「クレジットカード払い」で、ドコモユーザー以外の場合は「クレジットカード払い」のみとなっています。また、ドコモユーザーであればドコモ口座の残高をd払いでの支払いに利用することもできます。なお、たまったdポイントはドコモユーザー以外も1ポイント1円として利用することが可能です。

●電話料金合算払い

ドコモユーザーのみが利用可能です。設定可能な利用限度額は、月1万円／3万円／5万円、もしくは所定の条件を満たした場合に限り、月10万円まで設定できます。

●クレジットカード払い

対応ブランドは「VISA」「Mastercard」「AmericanExpress」「JCB」です。クレジットカードの利用限度額の範囲内で利用可能です。dカード（Sec.47参照）の利用が、お勧めです。

●dポイント充当

1ポイント=1円相当として支払いに利用可能です。

●ドコモ口座充当

ドコモ口座の残高の範囲内で利用可能です。

Section 49 Android iPhone

d払いの特徴を確認して賢く使う

d払いは、dポイントがたまったり、多くの支払い方法から選択できたりする魅力的なスマホ決済サービスです。ここでは、知って得するd払いの情報や賢く使うための情報を解説します。

d払いの特徴

dポイントの還元やdカードとあわせての利用による還元率アップ、dポイントプレゼントキャンペーンの開催など、dポイントと連携したd払いの特徴やメリットを紹介します。

●dポイントへの還元

d払いで決済することによって、dポイントへの還元を受けることができます。加盟店での支払い時は200円で1ポイント(0.5%)、対応サイトでの決済時は100円で1ポイント(1.0%)還元されます。また、d払いの支払い方法にdカードを設定することで、さらに還元率がアップします。

支払い場所	d払い	dカード	合計還元率
加盟店	0.5%	1%	1.5%
対応サイト	1%		2%

●キャンペーンの開催

d払いは、お得なキャンペーンを常に実施しているので、ポイントを貯めるチャンスが多いです。

●後払いが可能

「電話料金合算払い」での支払いを選択した場合には「後払い」扱いとして、d払いを利用できます。後払いが可能な決済サービスはほかの決済サービスにはなく、d払いの大きな特徴です。なお、この支払方法が可能なのは、ドコモユーザーのみです。

d払い
menu
対象3加盟店以上での
dポイントカード提示＋d払いで
dポイント最大
+50%還元!
（期間・用途限定、上限2,000pt）
d払い
dPOINT
10/31(土)まで!
要エントリー
・dポイントカードの提示で通常ポイント（税抜200円につき1ポイントなど、加盟店によって異なる）が進呈されるお支払いが対象です。
・加盟店によって金券,電子マネー、調剤など、一部対象外の商品、サービスがあります。
・二重ドリにはdポイントカードのご提示とd払いでのお支払いが必要です。
・dポイントカードのご利用登録が必要です。
・dポイントカードとd払いのdアカウントは同一であることが条件です。
dポイントカードをご提示の上、d払いで支払うと
dポイントの還元率がアップ!!
10月のエントリーはこちら
※月ごとにエントリーが必要です

dポイントへの還元率がアップするキャンペーンが開催されています。

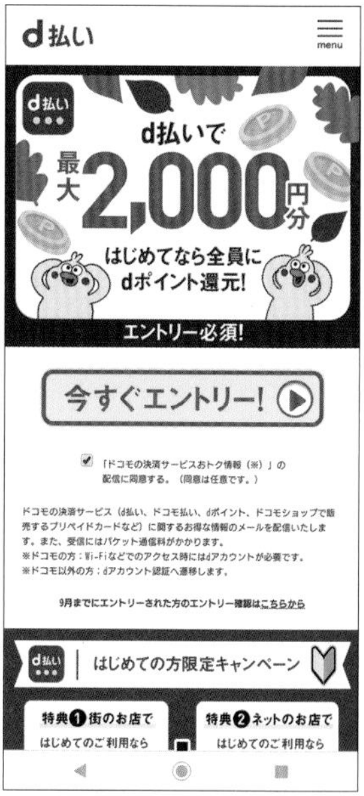
d払い
menu
d払い
d払いで
最大2,000円分
はじめてなら全員に
dポイント還元!
エントリー必須!
今すぐエントリー!
「ドコモの決済サービスおトク情報（※）」の配信に同意する。（同意は任意です。）
ドコモの決済サービス（d払い、ドコモ払い、dポイント、ドコモショップで販売するプリペイドカードなど）に関するお得な情報のメールを配信いたします。また、受信にはパケット通信料がかかります。
※ドコモの方：Wi-Fiなどでのアクセス時にはdアカウントが必須です。
※ドコモ以外の方：dアカウント認証へ遷移します。
9月までにエントリーされた方のエントリー確認はこちらから
はじめての方限定キャンペーン
特典❶街のお店で
はじめてのご利用なら
特典❷ネットのお店で
はじめてのご利用なら

d払い利用の初心者にうれしいキャンペーンなどが開催されています。

MEMO d払いの利用限度額

d払いは、各支払い方法によって利用限度額が定められています。とくに「電話料金合算払い」は、年齢やドコモ回線契約の期間によって限度額が異なっており、19歳以下の未成年者や20歳以上で契約期間が1～3ヶ月の利用者は、利用限度額が月1万円までとなってしまいます。なお、「クレジットカード払い」も登録したカードの限度額に達すると、それ以上はd払いで利用できません。

支払い方法	利用限度額
電話料金合算払い	10,000円～100,000円/月
クレジットカード払い	クレジットカードの利用限度額の範囲内
dポイント充当	保有するdポイントの範囲内
ドコモ口座充当	ドコモ口座にある残高の範囲内

Section 50 Android iPhone

d払いの利用を開始する

d払いの利用を開始するためには、事前にアプリのインストールと初期設定が必要です。アプリのアップデートが必要な場合は、アップデートを実行しましょう。ここでは、初期設定の手順を解説します。

d払いの準備をする

① 事前に「d払い」アプリをインストールしたうえで、タップして開きます。

② <次へ>または<スキップ>をタップします。

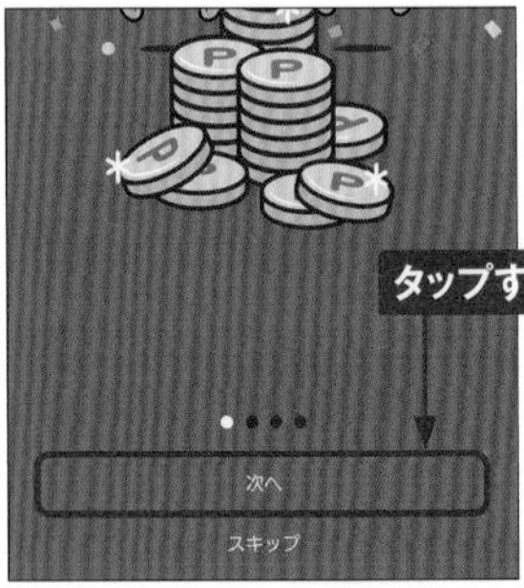

③ 許可画面が表示されます。<アプリの使用中のみ許可>（iPhoneの場合は、<Appの使用中は許可>）をタップします。

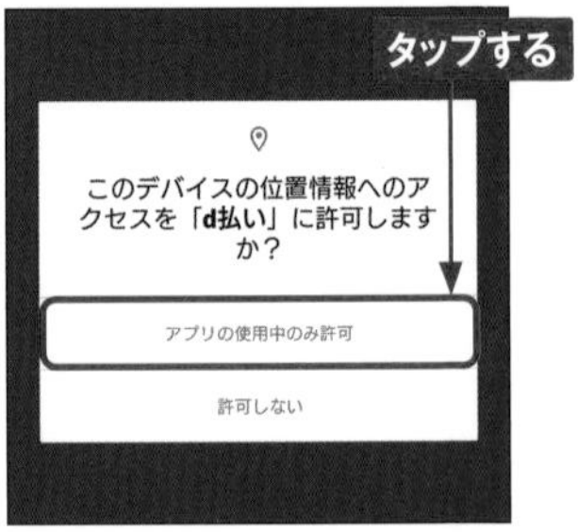

④ 規約が表示されます。内容を確認し、<同意して次へ>をタップします。これ以降はモバイルネットワークに接続した状態で操作します。

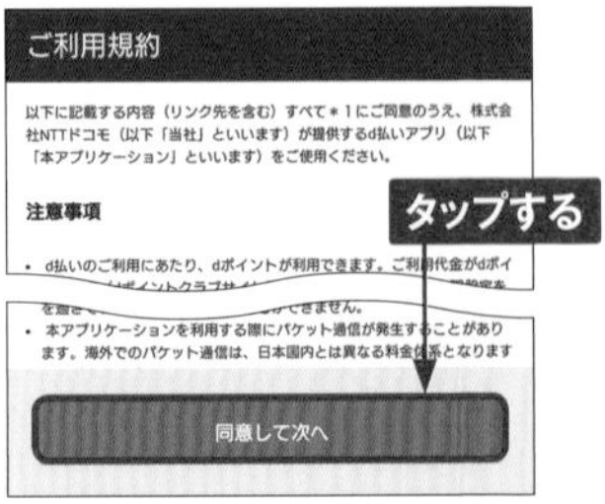

5 「spモードパスワード」を入力し、<spモードパスワード確認>をタップします。

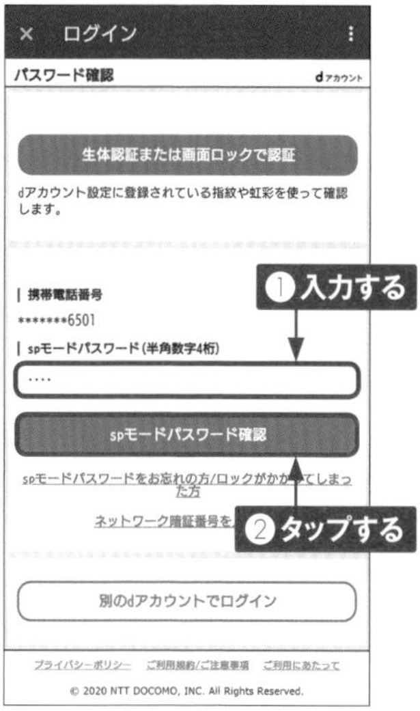

6 <次へ>をタップします。

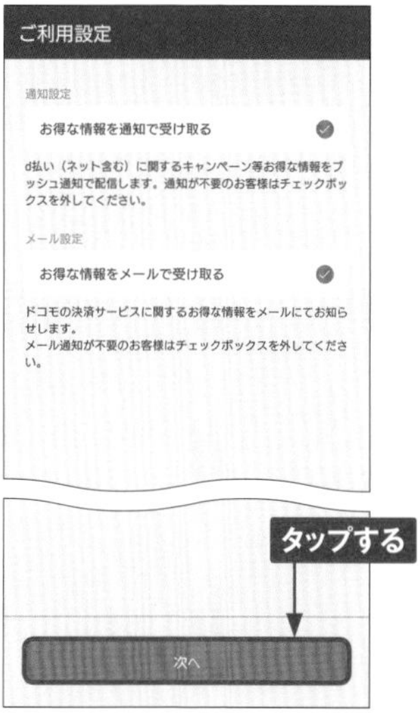

7 画面や操作手順の説明が表示されます。<次へ>をタップして進みます。

8 <はじめる>をタップすると、d払いのホーム画面が表示されます。

d払いの画面の見方を確認する

「d払い」アプリを起動すると、ホーム画面が表示されます。支払い時に必要なQRコード（バーコード）のほかにも、便利な機能やお得な情報が表示されているので確認しましょう。

ホーム画面を確認する

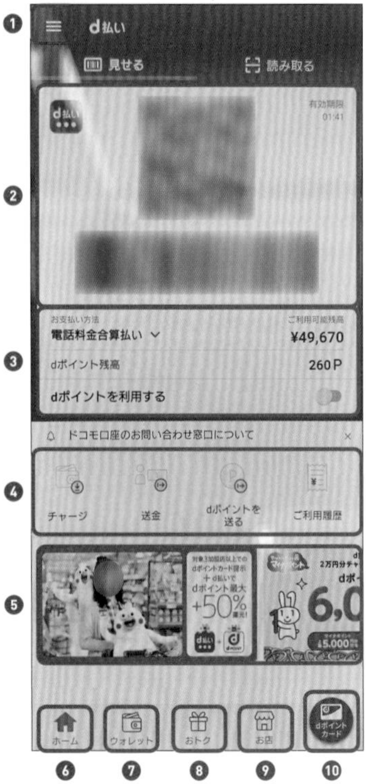

❶メニュー	設定やログアウトをする
❷QRコード（バーコード）	支払い時に提示する
❸支払い情報	支払いの方法や残高、dポイントの利用を確認・変更する
❹ウォレット機能	主要なウォレット機能を利用する
❺お得な情報	キャンペーン情報ページを表示する
❻ホーム	ホーム画面を表示する
❼ウォレット	ウォレット機能を利用する
❽おトク	キャンペーン情報やクーポンを確認する
❾お店	利用できる店舗を確認する
❿dポイントカード	dポイントカードを表示する

●「ウォレット」画面

●「お店」画面

●「おトク」画面

●「dポイントカード」画面

Section 52 Android iPhone

d払いの支払い方法を変更する

d払いの支払い方法は、「電話料金合算払い」や「クレジットカード払い」などさまざまな方法から選択できます。ここでは、支払い方法を変更する手順を解説します。

支払い方法を変更する

① アプリ一覧画面で<d払い>をタップして開き、画面左上の☰をタップします。

② <設定>をタップします。

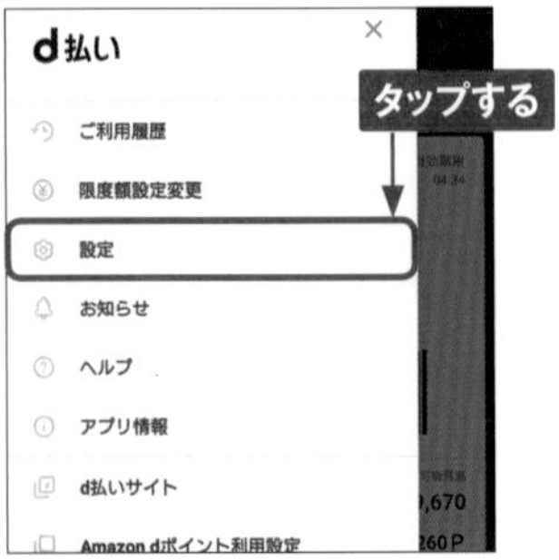

③ <お支払い方法>をタップします。

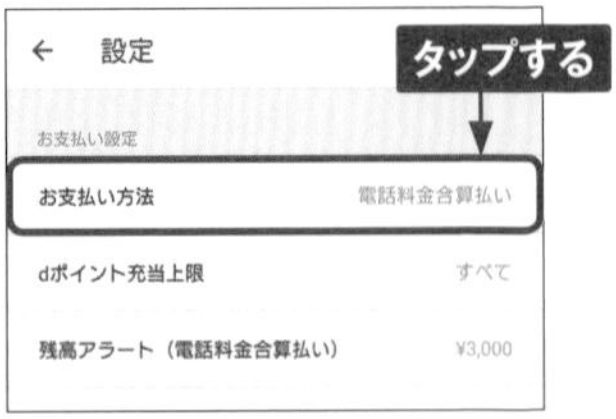

④ 変更する支払い方法（ここでは、<d払い残高からのお支払い>）をタップして、<次へ>をタップします。

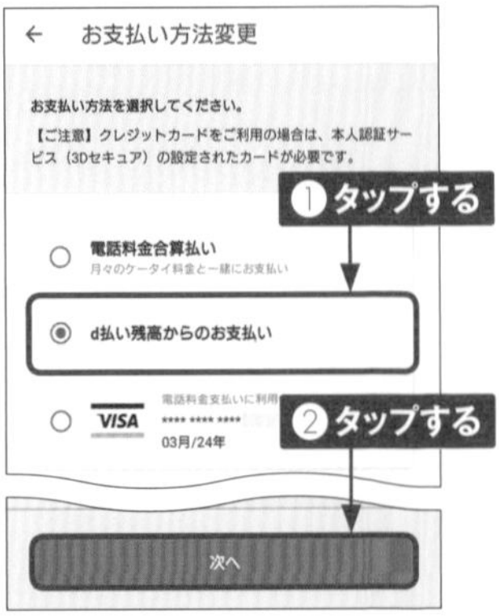

5 ＜はい＞をタップします。

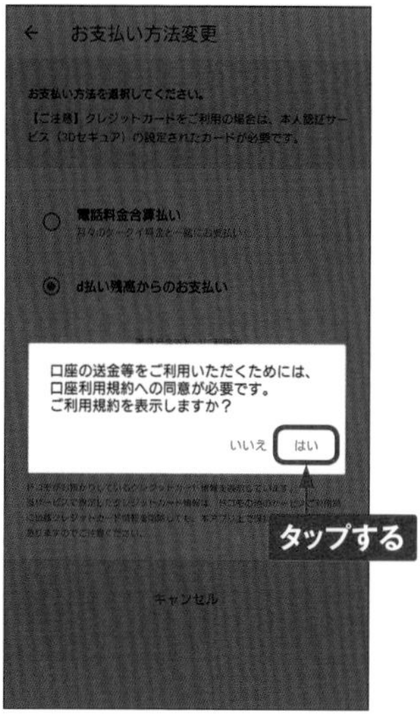

← お支払い方法変更
お支払い方法を選択してください。
【ご注意】クレジットカードをご利用の場合は、本人認証サービス（3Dセキュア）の設定されたカードが必要です。
電話料金合算払い
d払い残高からのお支払い
口座の送金等をご利用いただくためには、口座利用規約への同意が必要です。
ご利用規約を表示しますか？
いいえ
はい
タップする
キャンセル

6 規約が表示されます。内容を確認し、＜同意して次へ＞をタップします。

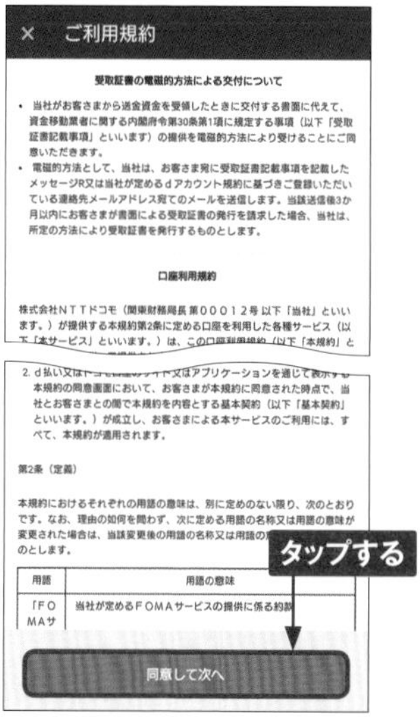

× ご利用規約
受取証書の電磁的方法による交付について
・当社がお客さまから送金資金を受領したときに交付する書面に代えて、資金移動業者に関する内閣府令第30条第1項に規定する事項（以下「受取証書記載事項」といいます）の提供を電磁的方法により受けることにご同意いただきます。
・電磁的方法として、当社は、お客さま宛に受取証書記載事項を記載したメッセージR又は当社が定めるdアカウント規約に基づきご登録いただいている連絡先メールアドレス宛てのメールを送信します。当該送信後3か月以内にお客さまが書面による受取証書の発行を請求した場合、当社は、所定の方法により受取証書を発行するものとします。
口座利用規約
株式会社ＮＴＴドコモ（関東財務局長 第００００１２号 以下「当社」といいます。）が提供する本規約第2条に定める口座を利用した各種サービス（以下「本サービス」といいます。）は、この口座利用規約（以下「本規約」と
本規約の同意画面において、お客さまが本規約に同意された時点で、当社とお客さまとの間で本規約を内容とする基本契約（以下「基本契約」といいます。）が成立し、お客さまによる本サービスのご利用には、すべて、本規約が適用されます。
第2条（定義）
本規約におけるそれぞれの用語の意味は、別に定めのない限り、次のとおりです。なお、理由の如何を問わず、次に定める用語の名称又は用語の意味が変更された場合は、当該変更後の用語の名称又は用語の
のとします。
タップする
用語
用語の意味
「ＦＯＭＡサ
当社が定めるＦＯＭＡサービスの提供に係る約款
同意して次へ

7 「職業」と「利用目的」をタップして選択し、＜次へ＞をタップします。

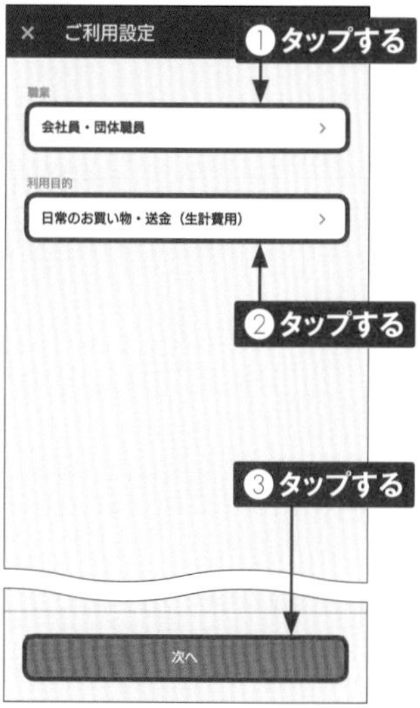

× ご利用設定
①タップする
職業
会社員・団体職員
利用目的
日常のお買い物・送金（生計費用）
②タップする
③タップする
次へ

8 支払い方法が変更されます。

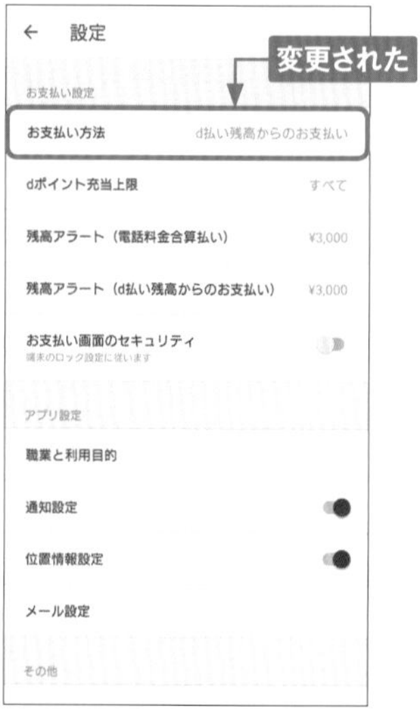

← 設定
変更された
お支払い設定
お支払い方法
d払い残高からのお支払い
dポイント充当上限
すべて
残高アラート（電話料金合算払い）
¥3,000
残高アラート（d払い残高からのお支払い）
¥3,000
お支払い画面のセキュリティ
端末のロック設定に従います
アプリ設定
職業と利用目的
通知設定
位置情報設定
メール設定
その他

Section 53 Android iPhone

d払いにチャージする

d払いに搭載されているウォレット機能では、コンビニや銀行口など から必要な金額をチャージすることができます。ここでは、コンビニ からドコモ口座にチャージする手順を解説します。

コンビニからチャージする

① アプリ一覧画面で<d払い>をタップして開き、<ウォレット>をタップします。

② <チャージ>をタップします。

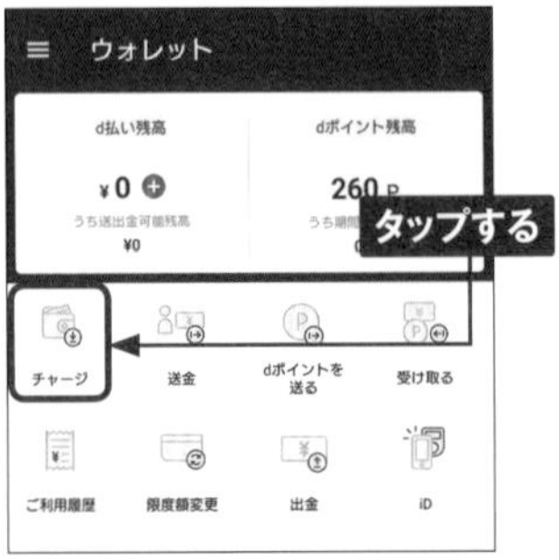

③ チャージ方法（ここでは、<コンビニ>）をタップします。

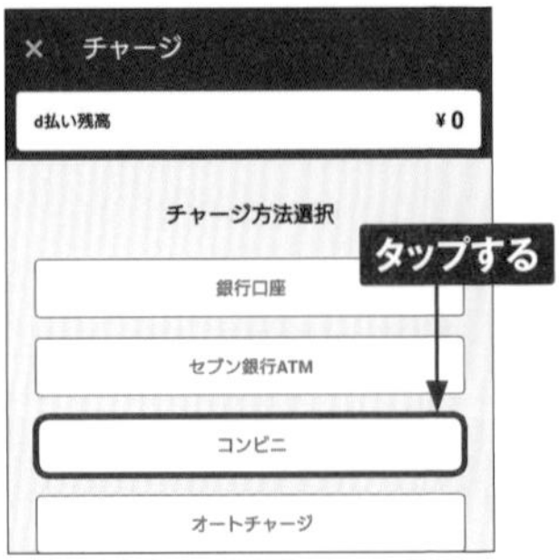

④ 「ネットワーク暗証番号」を入力し、<暗証番号確認>をタップします。

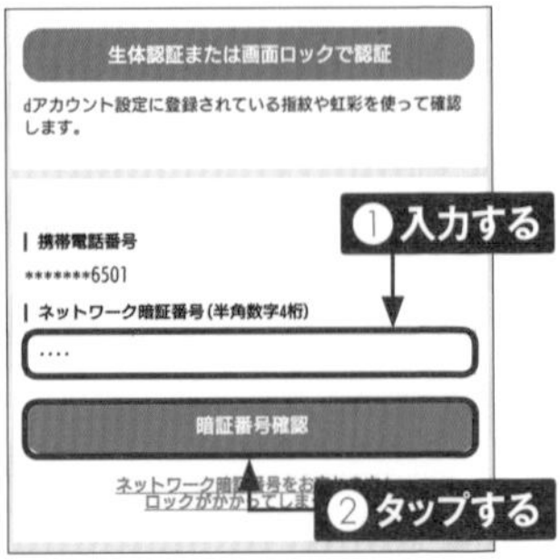

5 <同意する>をタップします。

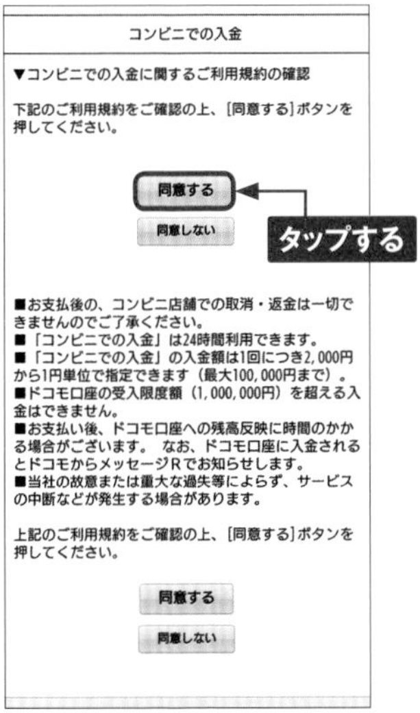
コンビニでの入金
▼コンビニでの入金に関するご利用規約の確認
下記のご利用規約をご確認の上、[同意する]ボタンを押してください。
同意する
同意しない
タップする
■お支払後の、コンビニ店舗での取消・返金は一切できませんのでご了承ください。
■「コンビニでの入金」は24時間利用できます。
■「コンビニでの入金」の入金額は1回につき2,000円から1円単位で指定できます（最大100,000円まで）。
■ドコモ口座の受入限度額（1,000,000円）を超える入金はできません。
■お支払い後、ドコモ口座への残高反映に時間のかかる場合がございます。 なお、ドコモ口座に入金されるとドコモからメッセージRでお知らせします。
■当社の故意または重大な過失等によらず、サービスの中断などが発生する場合があります。
上記のご利用規約をご確認の上、[同意する]ボタンを押してください。
同意する
同意しない

6 「入金金額」を入力し、<次へ>をタップします。

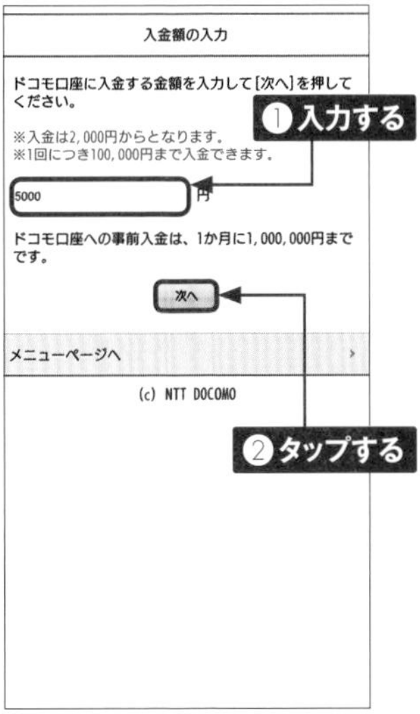
入金額の入力
ドコモ口座に入金する金額を入力して[次へ]を押してください。
①入力する
※入金は2,000円からとなります。
※1回につき100,000円まで入金できます。
5000
円
ドコモ口座への事前入金は、1か月に1,000,000円までです。
次へ
メニューページへ
(c) NTT DOCOMO
②タップする

7 入金額を確認し、<次へ>をタップします。

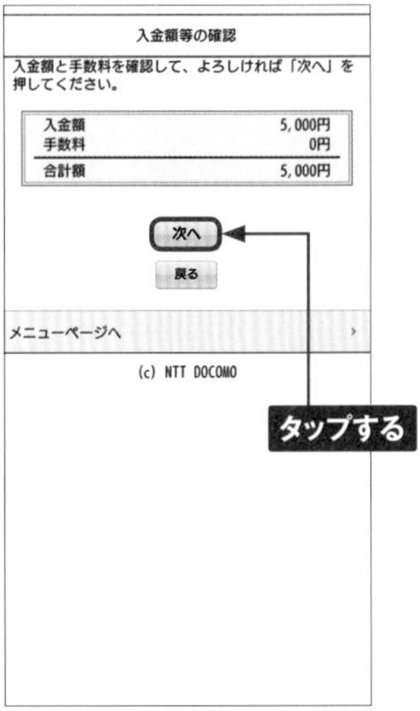
入金額等の確認
入金額と手数料を確認して、よろしければ「次へ」を押してください。
入金額 5,000円
手数料 0円
合計額 5,000円
次へ
戻る
メニューページへ
(c) NTT DOCOMO
タップする

8 <コンビニを選択する>をタップし、入金するコンビニの選択を画面に従って進め、選択したコンビニ店頭で払い込みの操作をします。

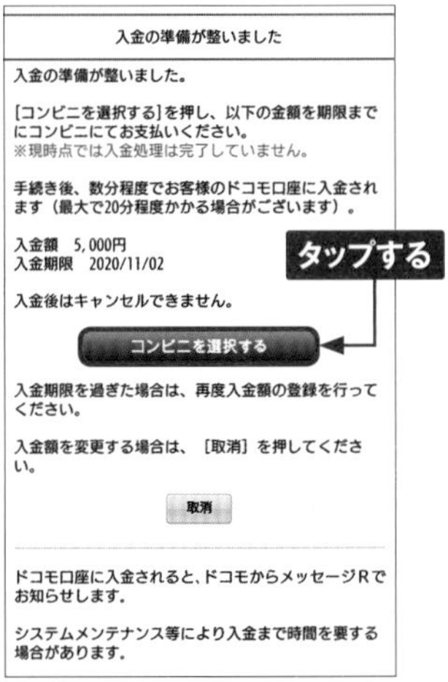
入金の準備が整いました
入金の準備が整いました。
[コンビニを選択する]を押し、以下の金額を期限までにコンビニにてお支払いください。
※現時点では入金処理は完了していません。
手続き後、数分程度でお客様のドコモ口座に入金されます（最大で20分程度かかる場合がございます）。
入金額 5,000円
入金期限 2020/11/02
タップする
入金後はキャンセルできません。
コンビニを選択する
入金期限を過ぎた場合は、再度入金額の登録を行ってください。
入金額を変更する場合は、［取消］を押してください。
取消
ドコモ口座に入金されると、ドコモからメッセージRでお知らせします。
システムメンテナンス等により入金まで時間を要する場合があります。

d払いをお店で利用する

d払いはネットでの利用に加え、実店舗のd払い加盟店も増えてきています。クーポン利用もあわせて活用しながら、お得で便利なd払いによる支払いを生活に取り入れてみましょう。

d払いで支払う

1. 支払い時に「d払いで支払います」と伝えます。

2. アプリ一覧画面で<d払い>アプリを起動し、<見せる>をタップし、QRコード（バーコード）を表示します。<読み込み>をタップすると、店頭のQRコードを読み取ることができます。

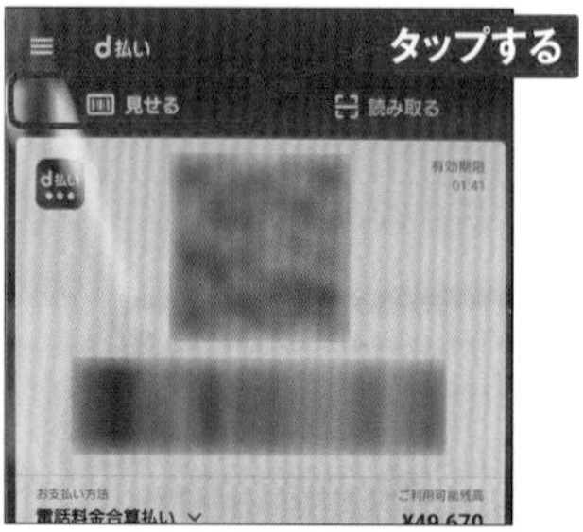

3. QRコード（バーコード）を読み取ってもらいます。

4. 支払い完了画面が表示されます。

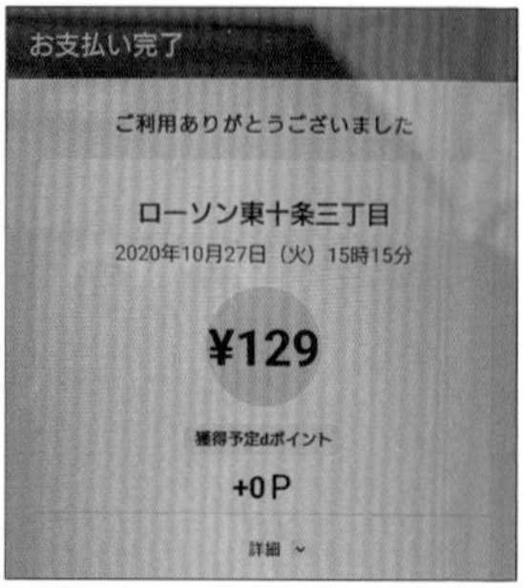

ウォレットからクーポンを利用してd払いで支払う

1 アプリ一覧画面で<d払い>をタップして開き、<ウォレット>をタップします。

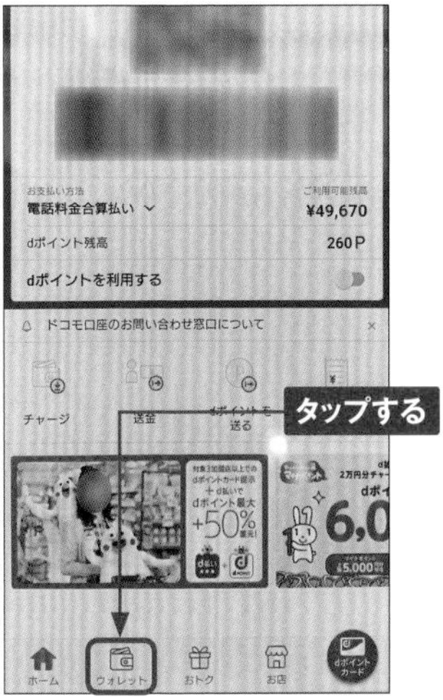

2 画面を上方向にスワイプすると、「クーポン」を配信している飲食店などの店舗が表示されます。

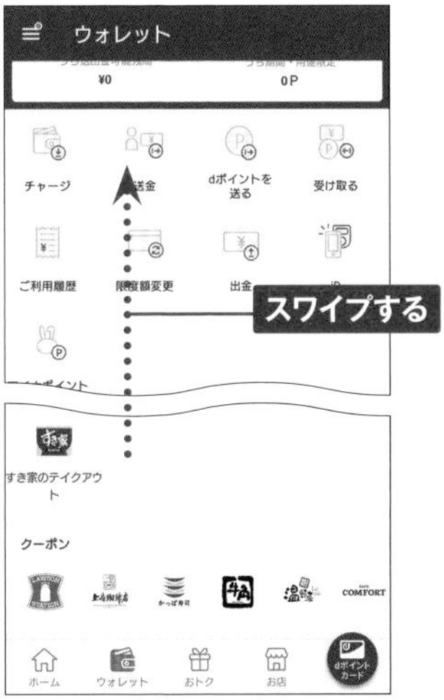

3 左右にスワイプし、利用したい店舗をタップします。

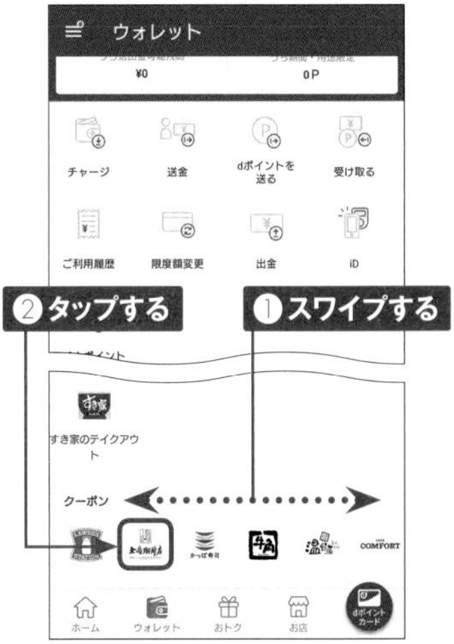

4 をタップすると、クーポンを選択できます。店頭で支払い時にバーコードを読み取ってもらい、<d払いで支払う>をタップします。

Section 55 Android iPhone

iDとは

Application
iD

ドコモユーザーにとってお得なクレジットカード「dカードGOLD」をはじめとしたいくつかのクレジットカードには「iD」が搭載されています。ここでは、電子マネーである「iD」について解説します。

iDの利用の流れ

iDとは、ドコモが開発した電子マネーです。iD対応のクレジットカードを登録したスマホやiDが搭載されているクレジットカードをかざすだけで、かんたんに支払いが完了します。電子マネーにはiD以外にもいろいろなものがありますが、その多くはプリペイド（前払い）方式です。一方、iDはポストペイ（後払い）にも対応しているため、その都度チャージする必要がありません。

●iD対応のクレジットカードを登録したスマホでの支払い手順

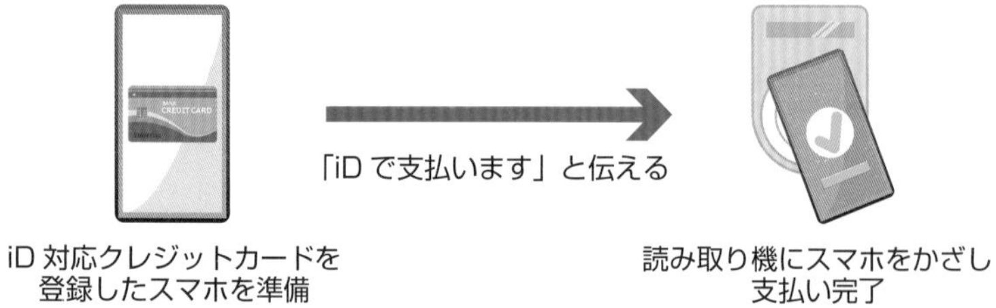
「iD で支払います」と伝える
iD 対応クレジットカードを
登録したスマホを準備
読み取り機にスマホをかざし
支払い完了

●iD対応のクレジットカードでの支払い手順

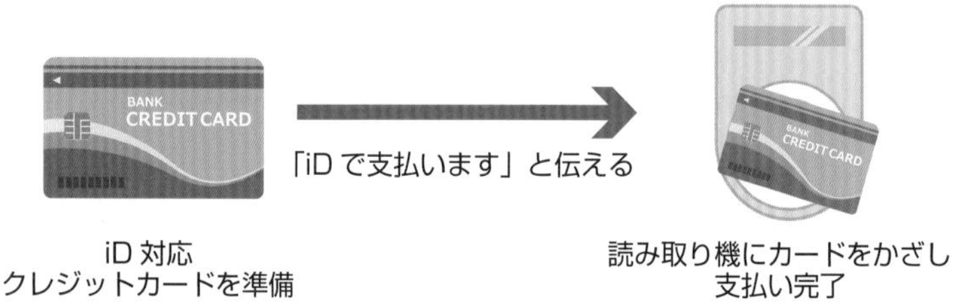
BANK
CREDIT CARD
「iD で支払います」と伝える
iD 対応
クレジットカードを準備
読み取り機にカードをかざし
支払い完了

iDの利用料金の支払い方法

iDには、「ポストペイ（後払い）」「プリペイド（前払い）」「デビット（即時決済）」という3種類の支払い方法があります。どの支払い方法でiDを利用するかによって、実際の使い方は大きく変わってきます。また、ポストペイでiDを利用するのであれば、登録するクレジットカードはdカードがおすすめです。dカードを登録して利用することで、「d ポイントスーパー還元プログラム（P.131参照）」の対象となります。

	ポストペイ	プリペイド	デビット
決済方法	後払いによる決済	チャージによる入金額に応じて決済	現金と同様に決済
限度額	クレジットカードの利用限度額の範囲内	チャージによる入金額の範囲内	銀行口座の残高の範囲内
メリット	手間がない 残高不足の心配がない dカードの登録でdポイント還元率アップ	使いすぎを防止できる	手間がない 使いすぎを防止できる

5

MEMO 「d払い（iD）」を利用する

クレジットカードを利用せずに、iDを利用する方法が「d払い（iD）」です。ドコモユーザーのためのサービスで、クレジットカードのようなサインも要らず、専用のアプリをレジでかざすだけで支払いが完了します。年会費無料で最大月3万円まで利用できます。引き落としは毎月の電話料金と合算されるので、クレジットカードや口座登録は必要ありません。申し込みは「d払い」アプリのウォレット画面の<iD>や「iD」アプリから可能です。

iD
いつもの暮らしに
スッと溶け込む。
チャージいらずの電子マネー

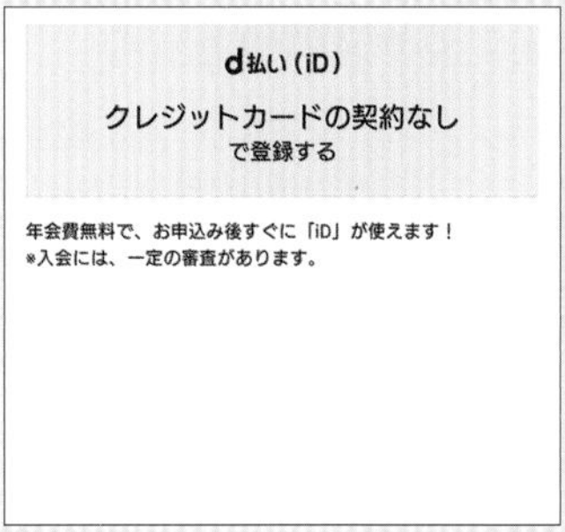
d払い（iD）
クレジットカードの契約なし
で登録する
年会費無料で、お申込み後すぐに「iD」が使えます！
※入会には、一定の審査があります。

Section 56 Android iPhone

iDの特徴を確認して賢く使う

さまざまな店舗で利用できるようになり、利用者も増えている電子マネーの中でもとくに普及率が高い電子マネーが「iD」です。ここでは、どのような点で利便性が高いのかを解説します。

iDの特徴

iDを利用できるお店や施設には、利用できるクレジットカードや決済情報が記載されている箇所に「iD」マークがあります。コンビニやファストフード店、ドラッグストア、ショッピングセンター、ガソリンスタンド、飲食店などさまざまな店舗に導入されています。このように、電子マネーとして普及率が高いiDの特徴やメリットを確認しましょう。

●ポイントが貯まる

ポストペイ（後払い）でiDを利用すると、iDに登録しているクレジットカードのポイントがたまります。そのため、ポイント還元率の高いクレジットカードを利用することで、現金払いよりもお得に支払いができます。

●サインレス決済

利用料金はあとから請求されるため、利用時には読み取り機にカードやスマートフォンをかざすだけでスピーディーに支払いが完了します。現金をいちいち用意する手間が必要ないうえ、サインも不要です。

●紛失時や盗難時も安心

iDはクレジットカードと同じ会員保障制度を採用しています。そのため、万が一紛失・盗難による不正利用があった場合には、補償を受けることができます。

●キャッシュバックサービス

支払い金額の全部または一部が自動的に値引きされたり、キャッシュバックされたりするサービスです。サービスを利用した場合でも、利用に応じたdポイントは獲得できるという特徴があります。

iDの種類

iDを利用できるスマホやカードにはいくつかの種類があります。利用目的やライフスタイルに合わせた利用方法を選択することで、利便性が高まります。

●おサイフケータイ

Androidスマートフォンでは、「iD」アプリまたは「Google Pay」アプリをインストールし、クレジットカード情報などを登録すると利用可能です。

●Apple Pay

iPhoneでは、Apple Pay（Walletアプリ）で登録したクレジットカードやプリペイドカードによってiDかQUICPayのいずれかを利用できます。

●クレジットカード

iDの機能が付帯しているクレジットカードです。目印として、カードの表面か裏面にiDのロゴマークが印刷されています。

●iD専用カード

利用しているクレジットカードに追加して発行するiDのみが搭載された専用カードです。電子マネーの機能のみであるため、利用しているクレジットカードの利用金額といっしょに支払われます。

●d払い（iD）

ドコモのおサイフケータイ全機種に対応し、「iD」アプリを設定後すぐに利用することができます（P.149 MEMO参照）。

5

Application
iD

iDにクレジットカードを登録する

iDの利用を開始するためには、事前にアプリのインストールとiDに対応しているクレジットカードの登録が必要です。ここでは、クレジットカードの登録手順を解説します。

Androidでクレジットカードを登録する

① 「iD」アプリからも登録可能ですが、ここでは「Google Pay」アプリから登録する方法を紹介します。事前に「Google Pay」アプリをインストールしたうえで、タップして開き、<カードを追加>をタップします。

Google Pay で新しい QUICPay や iD を体験しよう
対応カード発行会社のクレジット カード、デビット カード、プリペイド カードを追加すれば、当該ロゴがある店舗でのお買い物に使えます。
タップする
カードを追加

② <クレジット/デビッド/プリペイド>をタップし、次の画面でフレームにカードの表面を合わせスキャンまたは手動でカード情報を入力します。

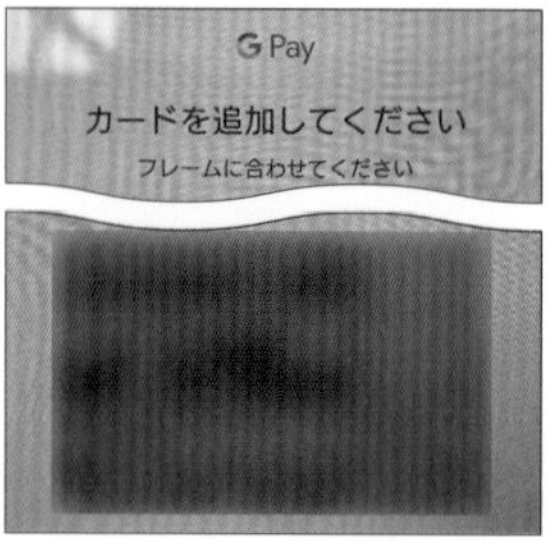
G Pay
カードを追加してください
フレームに合わせてください

③ 詳細なカード情報を入力し、画面を上方向にスワイプして、<保存>をタップします。

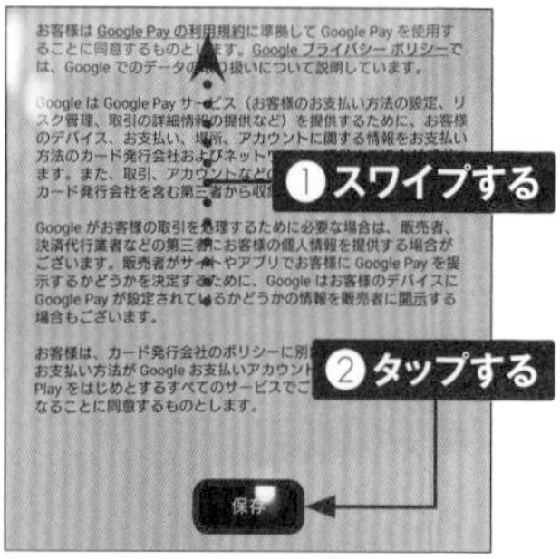
①スワイプする
②タップする
保存

④ <続行>→<許可>の順にタップし、画面の指示に従って設定します。

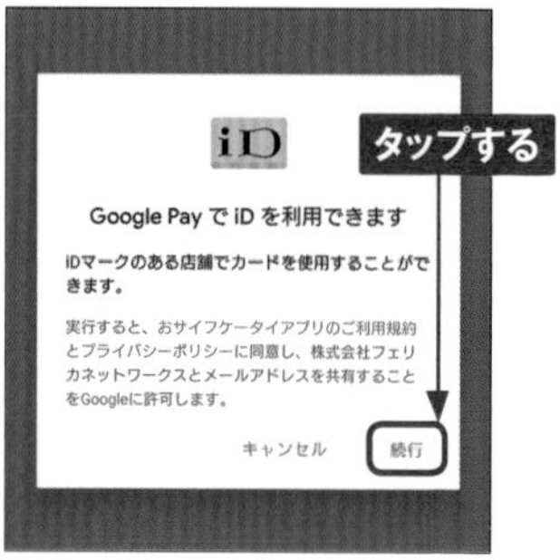
iD
タップする
Google Pay で iD を利用できます
iDマークのある店舗でカードを使用することができます。
実行すると、おサイフケータイアプリのご利用規約とプライバシーポリシーに同意し、株式会社フェリカネットワークスとメールアドレスを共有することをGoogleに許可します。
キャンセル
続行

iPhoneでクレジットカードを登録する

1 ホーム画面で<Wallet>をタップします。

2 <追加>をタップします。

3 <続ける>をタップします。

4 <クレジットカード等>をタップし、画面の指示に従って設定します。

iDをお店で利用する

iDでの支払いが可能な加盟店は年々増加しています。コンビニやスーパー、飲食店や家電量販店などジャンルを問わずさまざまなお店でスピーディーな支払いができます。

iDで支払う

① 支払い時に「iDで支払います」と伝えます。

② 読み取り機にスマホをかざします。

③ 支払いが完了すると、読み取り機から音が鳴ります。

MEMO 海外でのiD利用は終了

おサイフケータイ機能付きのAndroidスマホを利用して、海外でiD支払いができる「iD/NFCサービス」というサービスがありました。このサービスは、「Mastercard Contactless」の加盟店での支払い時に専用の端末にかざすことで支払い可能でしたが、現在は終了しており、海外でiD利用はできません。

Chapter

6

ドコモのサポートサービスを利用する

Section 59　ドコモが提供するサービスパック

Section 60　あんしんセキュリティを利用する

Section 61　ドコモ60歳からのスマホプログラムを利用する

Section 62　アクセス制限サービスを利用する

Section 63　緊急速報「エリアメール」を利用する

Section 64　紛失したスマホの場所を調べる

Section 65　紛失したスマホをロックする

Section 66　ケータイ補償サービスを利用する

Section 67　ケータイデータ復旧サービスを利用する

Section 68　ドコモサービスを利用してiPhoneとAndroidのデータを移行する

ドコモが提供するサービスパック

ドコモサービスパックは、スマートフォンをより快適に利用するための機能をお得なセット価格で提供してくれるサービスです。各機能を個別に契約するよりも、それぞれ380円お得になります。

ドコモサービスパックについて

ドコモサービスパックでは、いちおしパックとあんしんパックの2種類のサービスパックが提供されています。申し込みや解約は、My docomo（お客様サポート）のドコモオンライン手続きから行うことができます。また、各パックの適用条件（https://www.nttdocomo.co.jp/service/servicepack/）を満たしていると、最大31日間無料で利用することができます。

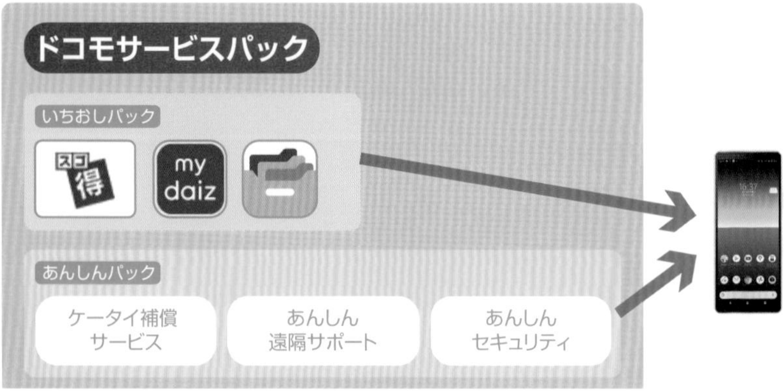

MEMO ドコモサービスパックを解約する

ドコモサービスパックを解約する場合も、ドコモオンライン手続きから行います。サービスパックに含まれるサービスのうち、1つのサービスだけ解約してしまうと割引が適用されなくなり、かえって利用料が高くなってしまう場合があるので気を付けましょう。

いちおしパック

サービス名	サービス内容
スゴ得コンテンツ 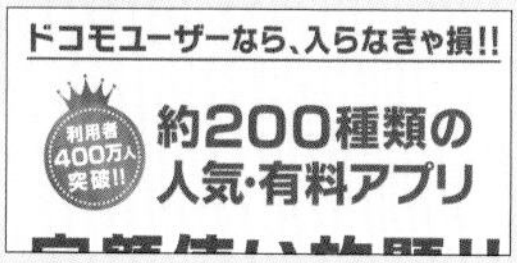	天気やレシピなどの生活を便利にする定番アプリから、ゲームや占いなどの楽しめるアプリ、お得なクーポンまで、月額料金で使い放題になるサービスです。
my daiz ／ iコンシェル 	ライフスタイルや位置情報に応じて、現在の暮らしに役立つ情報やニュースなど、自分に向けた情報を自分に合ったタイミングで配信してくれるサービスです。
クラウド容量オプション 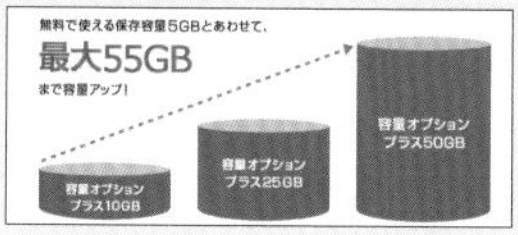	Web上に写真やデータを保存しておけるクラウドサービスの容量を必要に応じて追加でき、多くのデータを保存できるようになります。「いちおしパック」を契約すると、50GBが追加されます。

あんしんパック

サービス名	サービス内容
ケータイ補償サービス 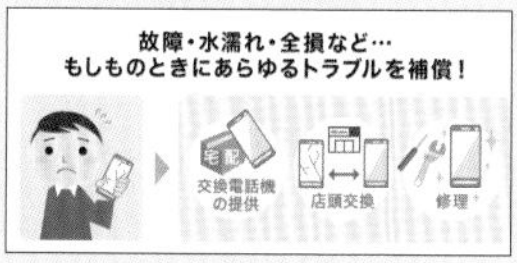	スマートフォンやタブレットなどの故障・水濡れ・盗難・紛失など、もしものときのトラブルをサポートします。
あんしん遠隔サポート 	スマートフォンの使い方がわからないときに電話をすると、専門のオペレーターが遠隔で画面を共有しながら、操作方法を案内してくれるサービスです。
あんしんセキュリティ 	メールやアプリの利用時、Webページの閲覧時にウイルスやフィッシング詐欺からスマートフォンを守るセキュリティをまとめたサービスです（Sec.60参照）。

Section 60 Android iPhone

あんしんセキュリティを利用する

あんしんセキュリティでは、ウイルス対策や危険サイトのブロック、迷惑メール対策などのスマートフォンを守るセキュリティ機能を多数利用できます。

あんしんセキュリティでできること

あんしんセキュリティに申し込むと、「ウイルス対策」、「危険サイト対策」、「危険Wi-Fi対策」、「迷惑電話対策」、「迷惑メール対策」、「データ保管BOXのウイルススキャン」をまとめて月額200円で利用することができます。スマートフォンの安全性を高めてくれるサービスなので、ぜひ利用しましょう。申し込みや解約は、My docomo（お客様サポート）のドコモオンライン手続きや「151」への電話、ドコモショップで可能です。

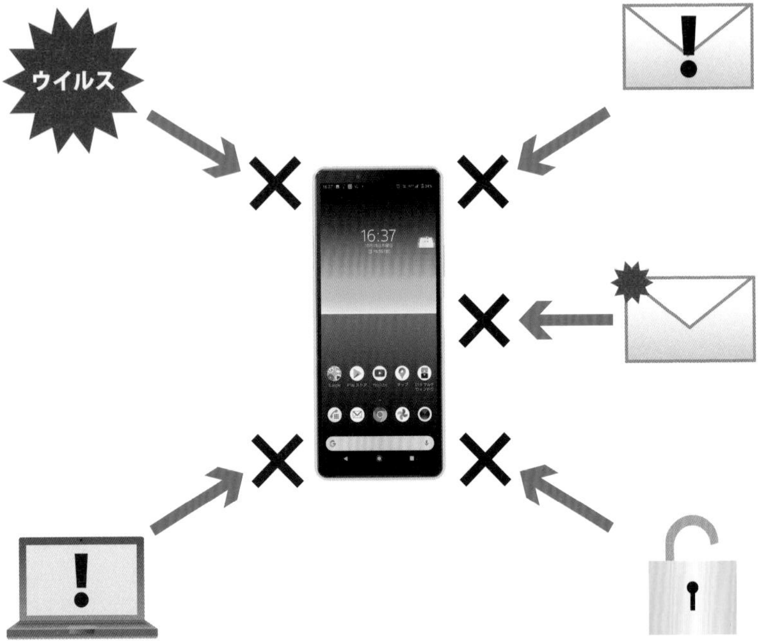

6

あんしんセキュリティの機能

あんしんセキュリティの各機能を紹介します。なお、各セキュリティの機能でスマートフォンを保護するためには、申し込みのほかにアプリを起動し、初期設定を行う必要があります。

機能	サービス内容
ウイルス対策	スマートフォン本体、microSDなどの外部メモリ内のファイルやメディアファイル、圧縮ファイルをあらかじめ指定した時刻にスキャンし、ウイルスの有無をチェックします。
危険サイト対策	Webページの閲覧時に、フィッシングサイトやウイルス配布サイトなどの危険サイトではないかをチェックします。
危険Wi-Fi対策	通信内容を改ざんされたり、盗み見られたりする可能性がある危険なWi-Fiに接続すると、警告画面を表示します。
迷惑メールおまかせブロック	セールスや詐欺、架空請求などの危険な電話の可能性が高い電話番号からの発着信を自動で判別し、警告画面を表示します。発着信以外でも、「電話番号チェックで不審な電話番号を検索することができます。
迷惑メール対策	受信メールの件名や本文、ヘッダ情報などから迷惑メールではないかを自動で判別し、迷惑メールフォルダに保存します。
データ保管BOXのウイルススキャン	データ保管BOXにアップロードしているファイルのスキャンします。万が一、ウイルスが検出された場合には端末のダウンロードや第三者への共有が制限されます。

MEMO セキュリティの状況を確認する

各セキュリティの状況を確認する場合は、「あんしんセキュリティ」アプリを起動します。ここでは、ウイルス対策の状況を確認する手順を解説します。Androidではアプリ一覧画面で＜ドコモ＞→＜あんしんセキュリティ＞の順にタップ、iPhoneではホーム画面で＜あんしんセキュリティ＞をタップします。＜スキャン＞をタップすると、ウイルスのスキャン結果が表示されます。

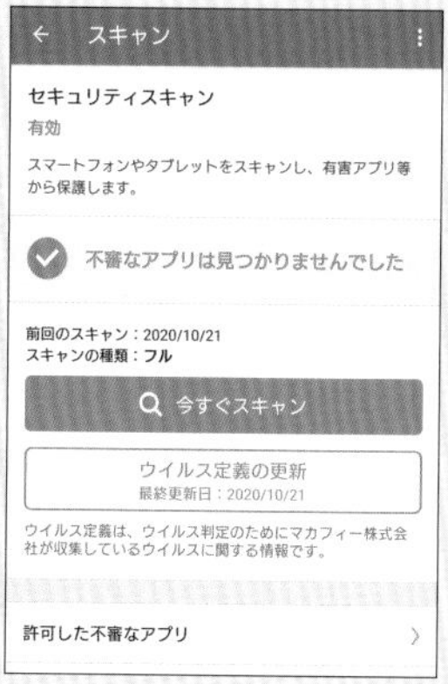

Section 61 Android iPhone

ドコモ60歳からのスマホプログラムを利用する

60歳からのスマホプログラムでは、60歳以上のスマートフォン利用者を対象に、スマートフォンの利用を通じて、毎日の暮らしがより楽しく便利でお得になるプログラムを無料で提供しています。

ドコモ60歳からのスマホプログラム「3つの特典」

特典の利用にあたっては、60歳以上であることなどいくつかの条件があり（P.161MEMO参照）、対象の各サービス規約への同意が別途必要となります。また、各サービスアプリのダウンロードや初期設定などを完了しなければ、特典が受けられない場合があります。

●特典1

dヘルスケア
体重や血圧の記録、歩数計測など健康をサポートするサービスです。dヘルスケアアプリ(無料版/有料版)で配信される「1,000歩以上歩こう」などの健康に関する特別ミッションクリア時に、dポイント(期間・用途限定)を進呈されます。

●特典2

dエンジョイパス
レジャーやグルメなどライフスタイルに合わせたおトクな優待プランが使い放題になるサービスです。dエンジョイパス月額500円(税抜)が、最大13か月無料で利用できます。なお、無料期間の終了後に自動解約となるため、継続して利用する場合は再度申込みが必要です。

●特典3

らくらくコミュニティ (SNS)
同世代が集い、共通の趣味や話題で楽しめるコミュニティサイトです。

ドコモ60歳からのスマホプログラムに申し込む

1 アプリ一覧画面で＜My docomo＞をタップして開きます。画面を上方向にスワイプし、＜その他のお手続きはこちらから＞をタップします。

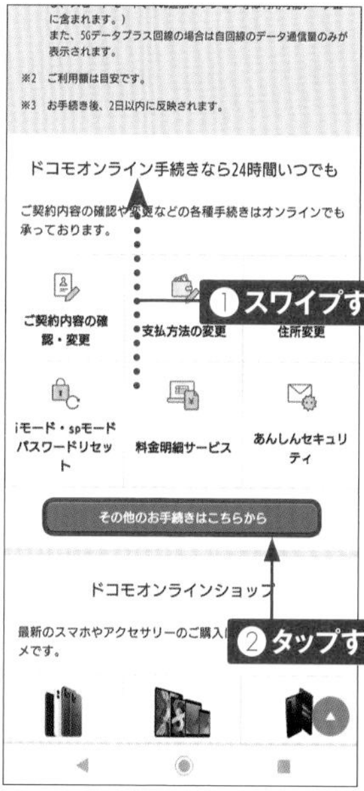

2 画面を上方向にスワイプして、＜ドコモ60歳からのスマホプログラム＞をタップし、画面の指示に従い操作します。

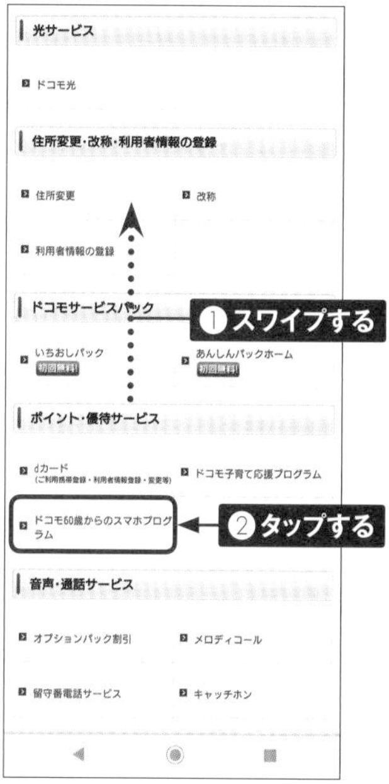

MEMO 申し込みや特典利用条件

申し込みや特典の利用条件は以下をすべて満たしている個人契約のユーザーに限ります。なお、プログラムの特典内容や利用方法については、「あんしん遠隔サポートセンター（Sec.59）」でもサポートしてくれるので、あわせて利用しましょう。

1.ドコモのケータイ回線の利用者として満60歳以上の方を登録していること
2.指定料金プラン(新料金プランまたは基本プラン)を契約していること
3.特典対象サービスを契約していること
4.dポイントクラブ会員であること

アクセス制限サービスを利用する

アクセス制限サービスは、有害なサイトの閲覧を制限するサービスです。「spモードフィルタ」を申し込むと、専用のブラウザ（P.181MEMO参照）がインストールされ、設定ができます。

spモードフィルタカスタマイズを設定する

1. アプリ一覧画面で＜My docomo＞をタップして開き、＜設定（メール等）＞をタップします。

2. 画面を上方向にスワイプして、＜spモードフィルタカスタマイズ＞をタップします。

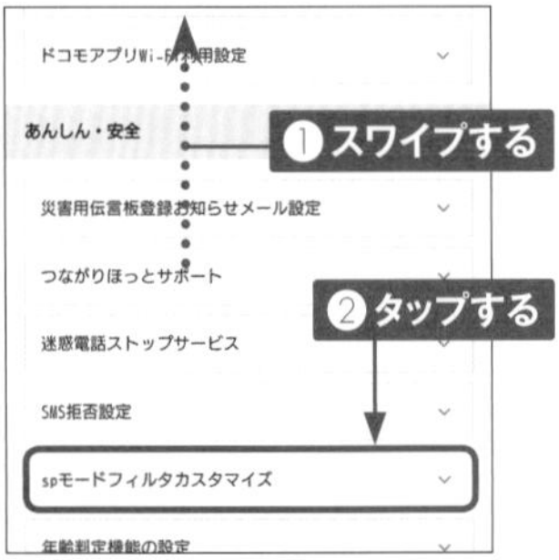

3. ＜設定を確認・変更する＞をタップします。

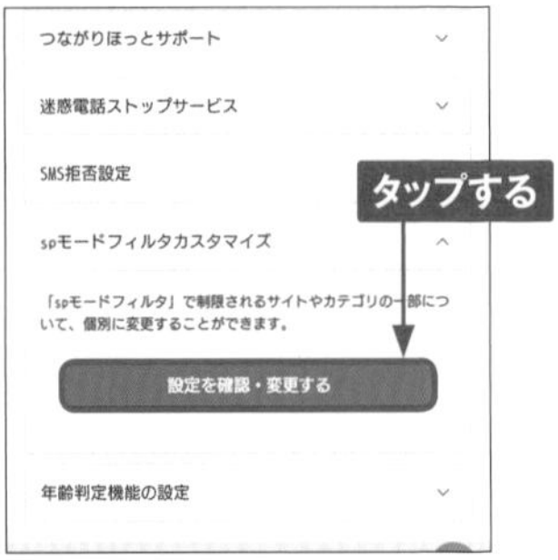

4. 各種設定をすることができます。ここでは＜カテゴリ設定（保護者）＞をタップします。

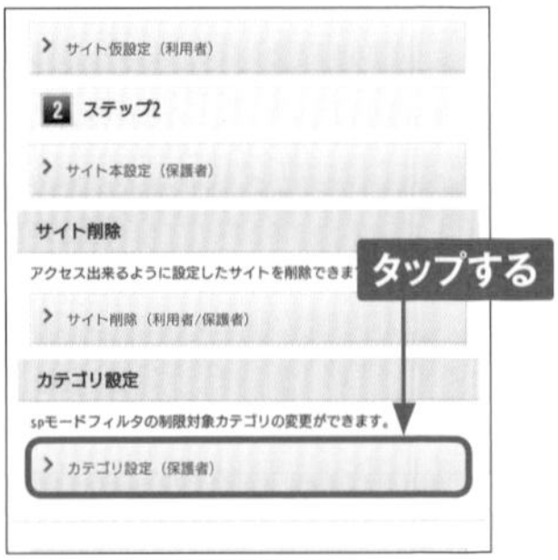

5 アクセス制限サービス契約時に設定した、「リミットパスワード」を入力し、<決定>をタップします。パスワードの保存が求められたら、<保存しない>をタップします。

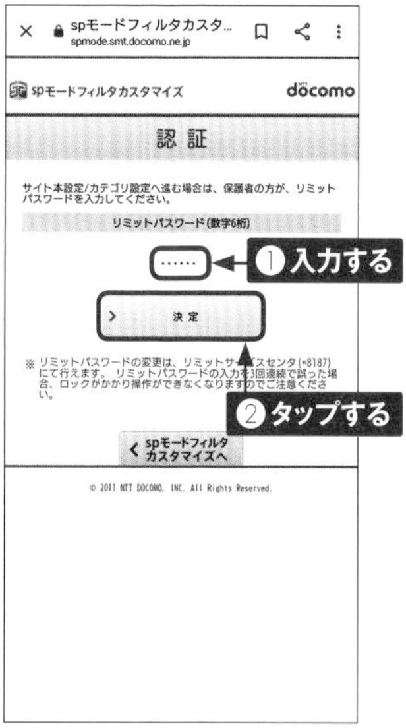

6 「カテゴリ設定」の<次へ>をタップします。

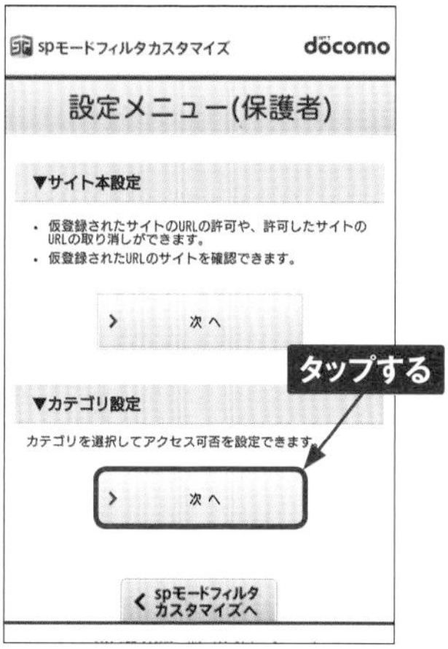

7 アクセスを許可するカテゴリをタップしてチェックを外し、制限するカテゴリにタップしてチェックを付け、<確認>をタップします。

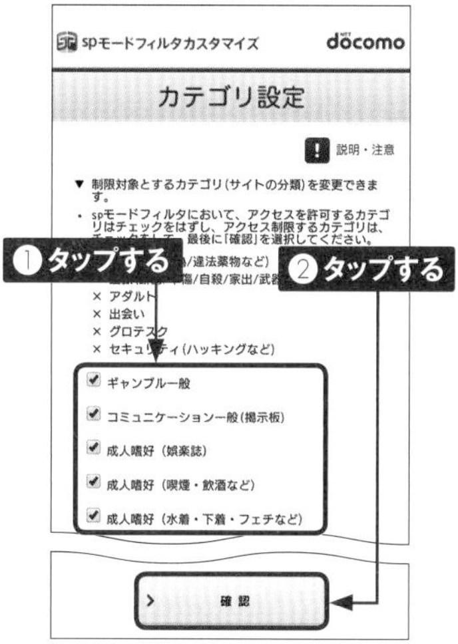

8 設定内容を確認し、<登録>をタップすると、設定が完了します。

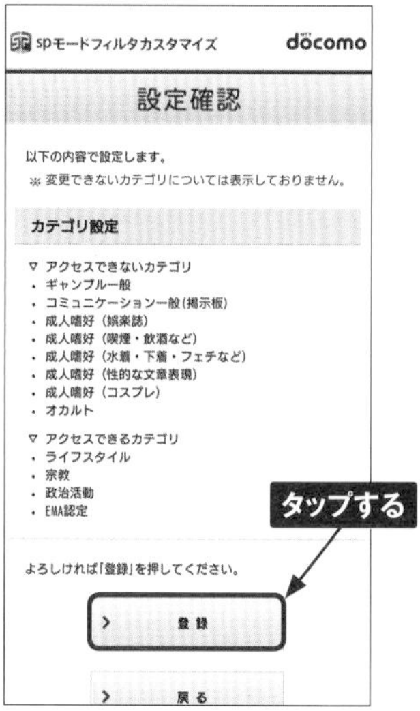

緊急速報「エリアメール」を利用する

エリアメールは、地震や津波などの災害、避難情報を配信してくれるサービスです。対象エリアにいるだけで、回線混雑の影響を受けることなく、いち早くメールを受信できます。

Androidでエリアメールを設定する

1 アプリ一覧画面で<災害用キット>をタップします。

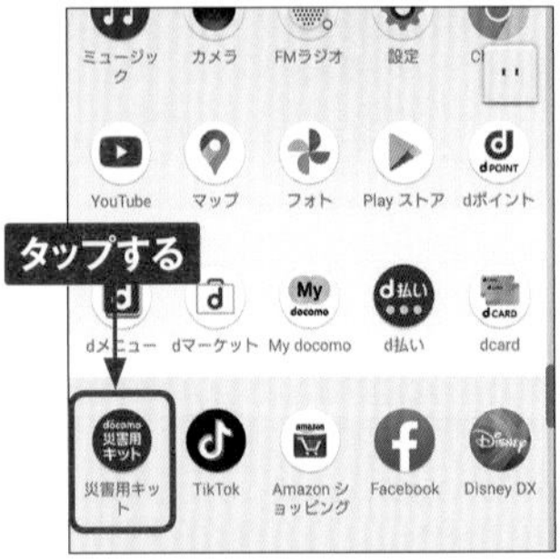

2 利用規約が表示されたら、内容を確認し、<同意して利用する>をタップします。

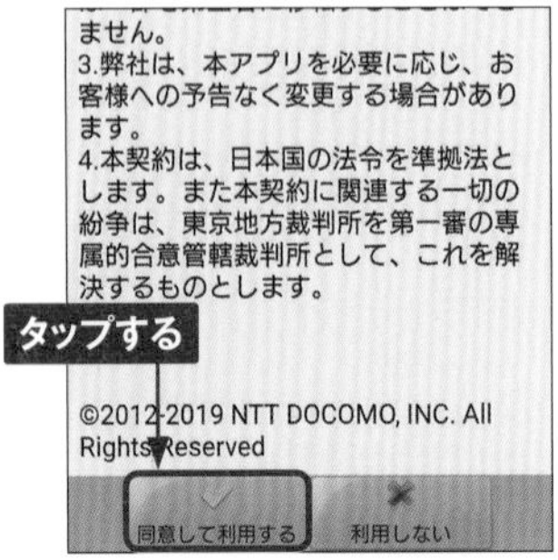

3 利用が開始します。<緊急速報「エリアメール」>をタップします。

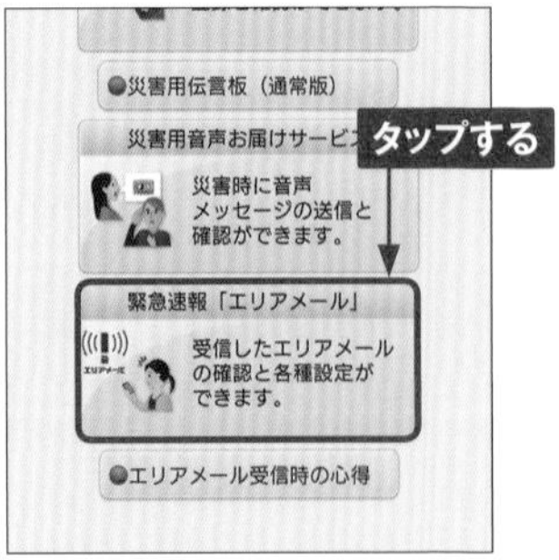

4 緊急速報「エリアメール」の受信設定画面が表示されます。画面右上の ⁝ →<設定>の順にタップします。

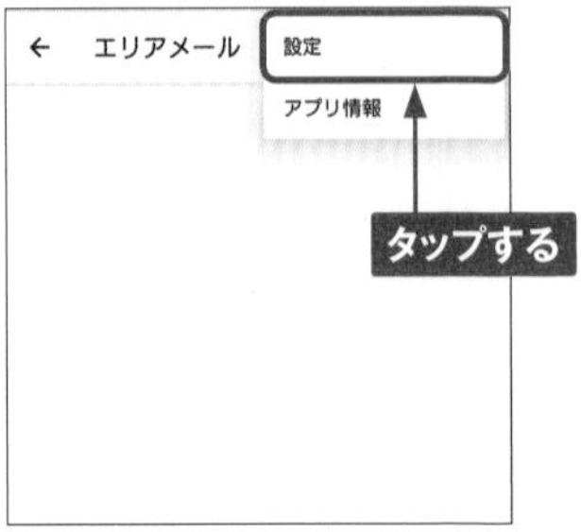

5 <受信画面および着信音確認>をタップします。

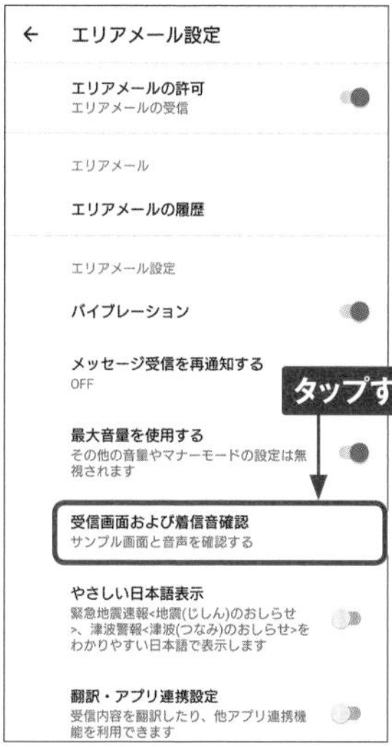

6 速報または警報をタップすると、サンプル画面と音声を確認できます。

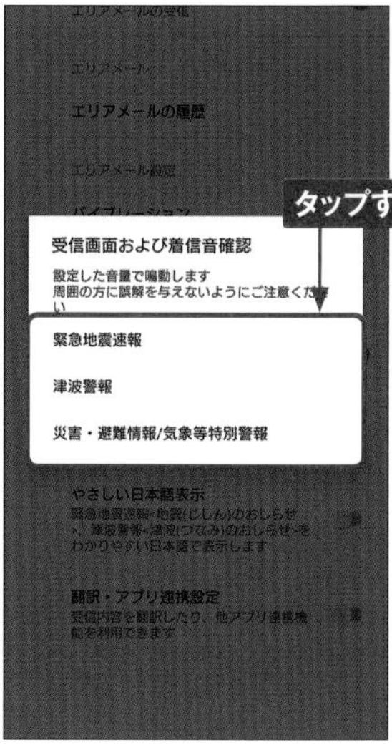

MEMO　iPhoneでエリアメールの受信設定をする

iPhoneでエリアメールを受信する場合は、以下の手順で設定を行います。ホーム画面で<設定>→<通知>の順にタップします。画面を上方向にスワイプし、「緊急速報」がになっていれば、受信することができます。になっている場合は、タップしてにしましょう。

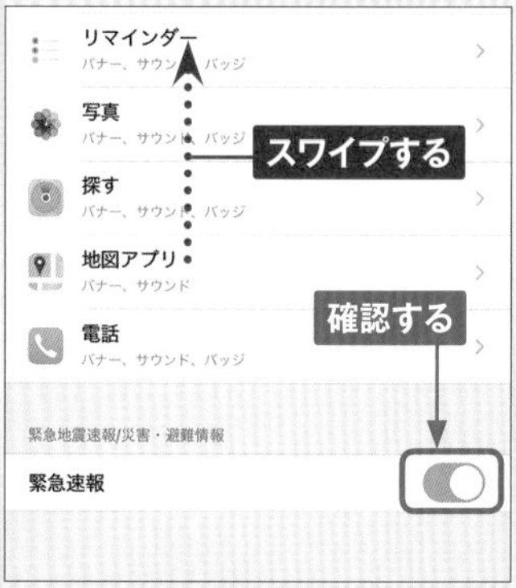

6

Section 64 Android iPhone

紛失したスマホの場所を調べる

スマートフォンを紛失してしまった場合は、ケータイお探しサービスを利用しましょう。電話もしくはパソコンの「My docomo」ページから、紛失したスマートフォンの位置を特定できます。

ケータイお探しサービスを利用する

ケータイお探しサービスは、スマートフォンを紛失してしまったときに、スマートフォンの位置を検索してくれるサービスです。パソコンで「My docomo」ページにアクセスし、検索に成功すれば地図上で確認することができます。月に4回まで無料で利用できるので安心です（5回目以降は、1回300円）。iPhoneの場合は、申し込み後に月額50円で利用できます。なお、利用には事前にP.167の設定が必要です。また、スマートフォンを紛失した場合、24時間受け付けのフリーダイヤル（0120-524-360）に電話をすることで、すぐにロックや利用停止をすることができます（Sec.65参照）。

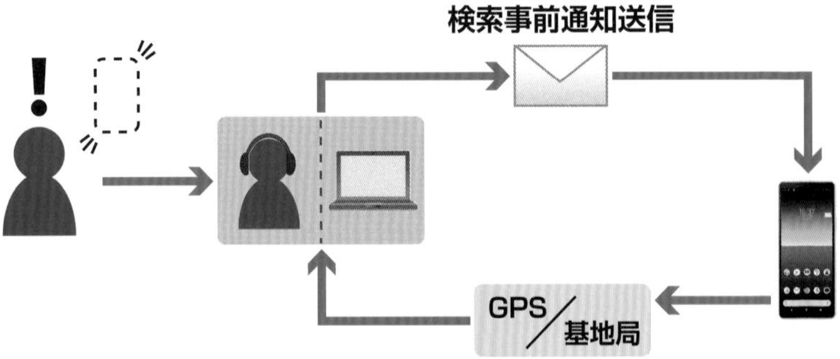

「My docomo」ページから利用を申し込みます。

位置情報を設定する

1 アプリ一覧画面で<設定>をタップし、<ドコモのサービス／クラウド>をタップします。

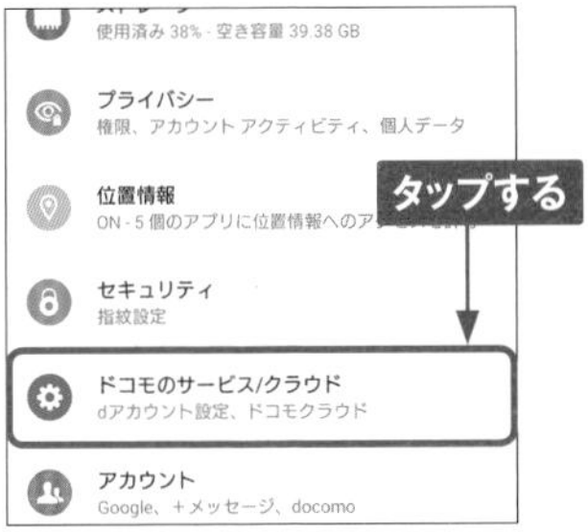

2 <ドコモ位置情報>をタップします。

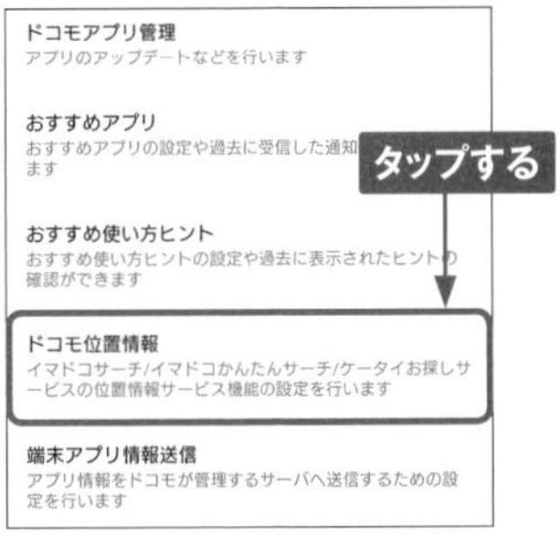

3 <位置提供設定>をタップします。

4 スマートフォンの画面ロックの解除を行い、<位置提供>をタップします。

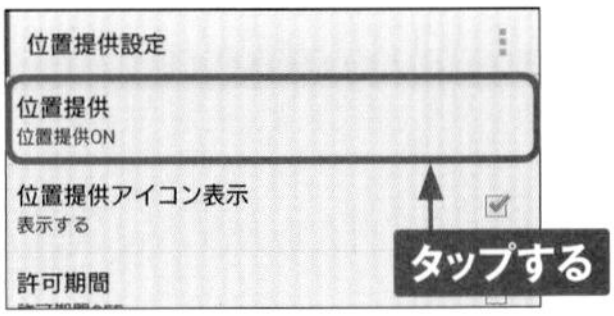

5 <位置提供ON>をタップし、<OK>をタップすると、位置情報の設定が完了します。

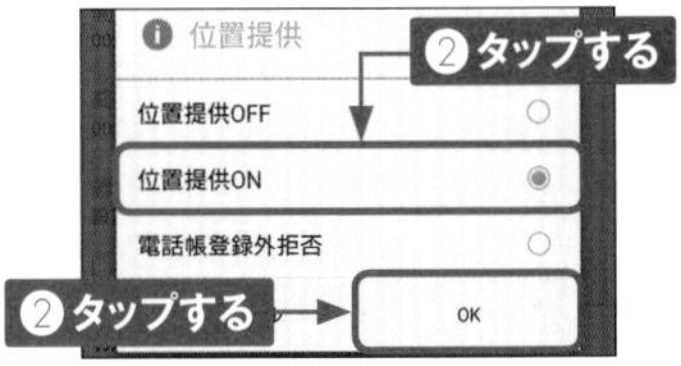

MEMO
iPhoneで位置情報を設定する

iPhoneで位置情報を設定する場合は、以下の手順で設定を行います。ホーム画面で<設定>→<プライバシー>→<位置情報サービス>の順にタップします。「位置情報サービス」が になっていれば設定完了です。 になっている場合は、タップして にしましょう。

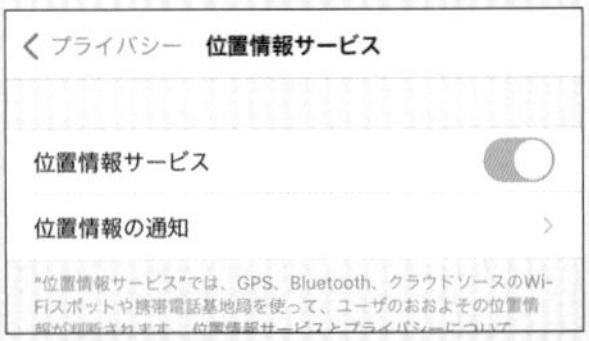

Section 65 Android iPhone

紛失したスマホをロックする

スマートフォンを紛失してしまった場合は、悪用されないようにスマートフォンをロックできる機能があります。事前の設定や申し込みは不要で、電話1本で利用することができます。

おまかせロックを利用する

6

おまかせロックは、スマートフォンを紛失してしまったときに、電話1本（0120-524-360）で、電話帳などの個人情報やスマートフォンの画面、おサイフケータイの機能にロックをかけてくれるサービスです。スマートフォンを紛失してしまったときは、おまかせロックを利用し、悪用されないようにしておきましょう。パソコンの「My docomo」ページからロックや解除をすることもできます。

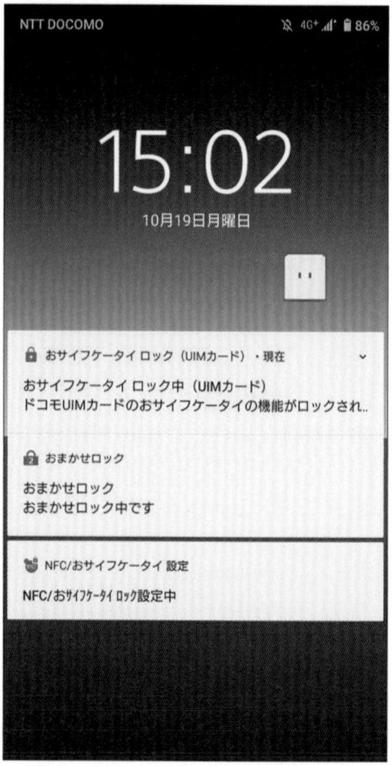

おまかせロックがかかると、画面にロックがかかり、スマートフォンを使用できなくなります。ロック解除の手続き後、画面ロックの解除パスワードを入力すれば、再び利用できます（画面ロックの解除パスワードを設定していない場合には、「docomo 151」が解除パスワードとなります）。

パソコンからスマートフォンをロックする

1. Webブラウザーで「My docomo」にアクセスします。<契約内容・手続き>→<紛失盗難時のお手続き（ご利用の一時中断・再開など）>→<お手続きする>の順にクリックします。

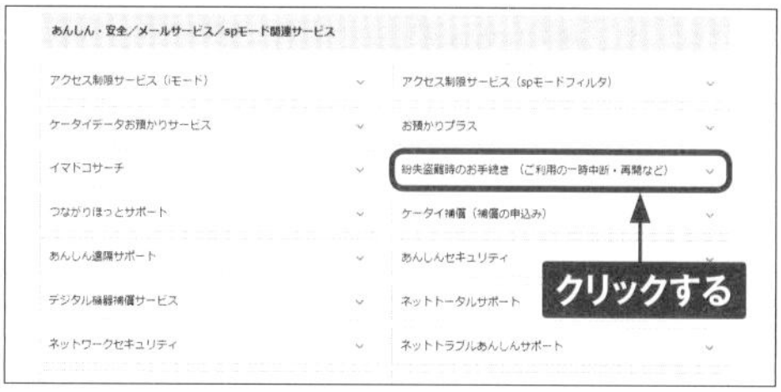

2. 該当する項目をクリックしてチェックを付け、<次へ進む>をクリックします。

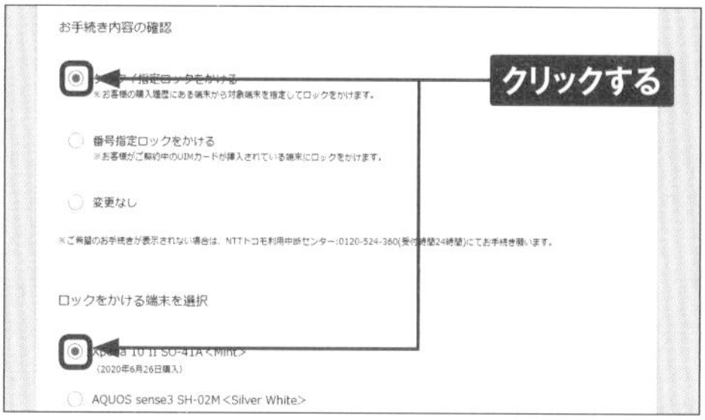

3. 注意事項が表示されます。チェックボックスをクリックしてチェックを付け、<同意して進む>をクリックします。

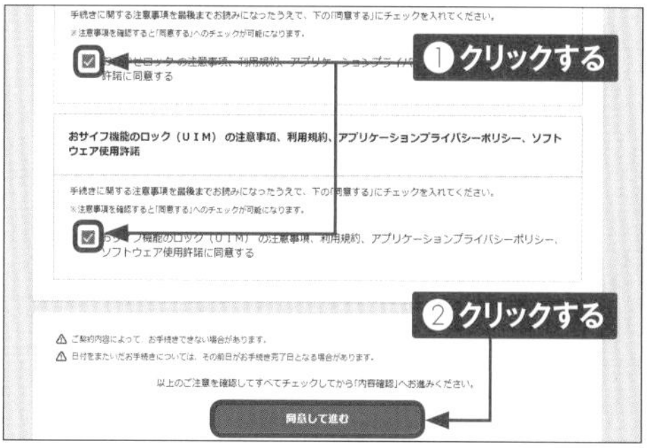

4. 手続き内容を確認し、<この内容で手続きを完了する>→<はい>の順にクリックすると、指定した端末にロックがかかります。

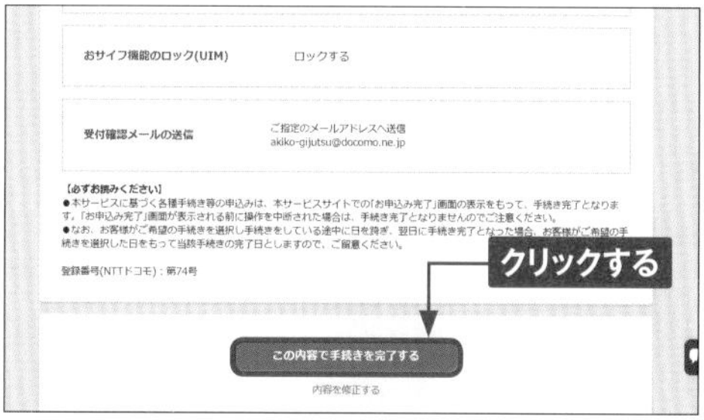

ケータイ補償サービスを利用する

ケータイ補償サービスでは、スマートフォンやタブレットのトラブルをサポートします。利用には、端末購入時にサービスへの加入と月額料金の支払いが必要です。

交換電話機の提供とは

水濡れや紛失、全損などあらゆるトラブルを補償し、1年間に2回まで交換電話機が提供されます。申込みの当日～2日以内に受け取ること可能です。なお、利用時には負担金の支払いが必要となります（P.171MEMO参照）。「My docomo」ページから申し込みすると、負担金が10%割引される「WEB割」や交換電話機の配送先が東京都23区、大阪府大阪市の場合に限り4時間以内で受け取り可能な「エクスプレス配送（別途、送料3,000円）」、店頭交換取扱い店舗に同一機種の在庫がある場合に限り当日その場で受け取り可能な「店頭交換」なども活用しましょう。

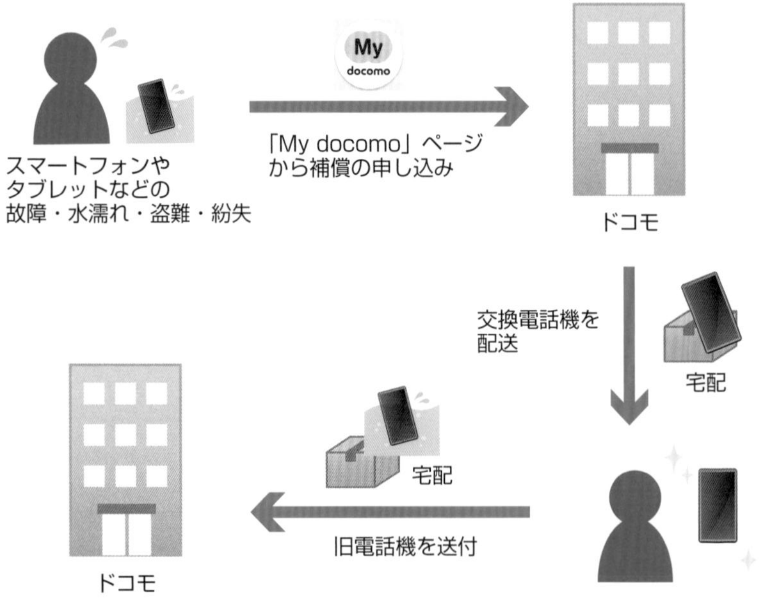

交換電話機の提供を申し込む

1. Webブラウザーで「My docomo」にアクセスし、＜その他のお手続きはこちら＞をクリックします。

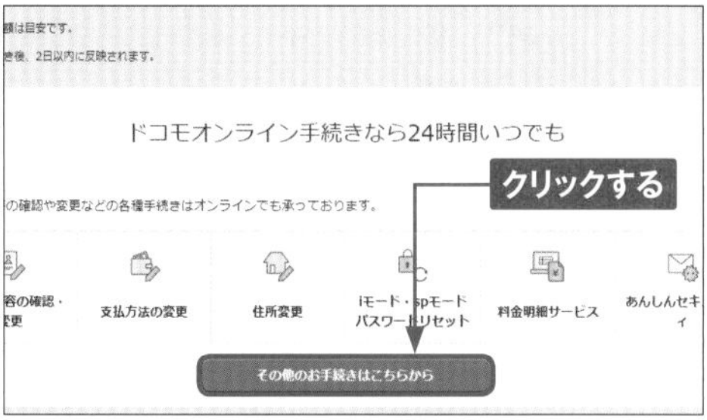

2. 画面を下方向にスクロールして、＜ケータイ補償（補償の申込み）＞をクリックし、画面の指示に従い進みます。

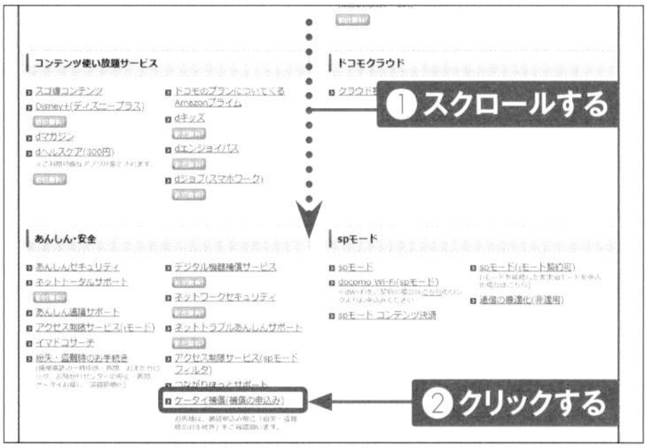

MEMO ケータイ補償サービスの月額料金と交換電話機の提供時の負担金

利用中の機種によりケータイ補償サービスの月額料金が異なり、月額料金により交換電話機提供の負担金が異なります。ご利用中の機種の月額料金については、docomoホームページの＜商品・サービス＞→＜ケータイ補償サービス＞から検索可能です。スマートフォンやタブレットを利用の場合は500円、750円、1,000円のいずれかの月額料金、スマートフォンやタブレット以外のドコモケータイを利用の場合は330円の月額料金の支払いが必要となります。なお、負担金については以下の通りです。

月額料金	負担金
月額330円	5,000円
月額500円	7,500円
月額750円	11,000円
月額1,000円	11,000円

Section 67 Android iPhone

ケータイデータ復旧サービスを利用する

ケータイデータ復旧サービスでは、水濡れや破損などで電源が入らず、データを閲覧できなくなってしまった端末からデータを取り出し、受け取ることができます。

ケータイデータ復旧サービスとは

水濡れや破損などによって故障した端末のデータをDVD-Rまたはサーバーに保存し、約2週間で復旧することができます。なお、ケータイ補償サービスに加入している場合は復旧代金1,000円、未加入の場合は8,000円の支払いが必要となります。復旧可能なデータは「電話帳」、「画像・動画」、「スケジュール・メモ」、「ドコモメール」です。サービスの申し込みはドコモショップ店舗で行い、データの受け取りと復旧はドコモショップ店舗またはデータ受け取り専用アプリで行います。

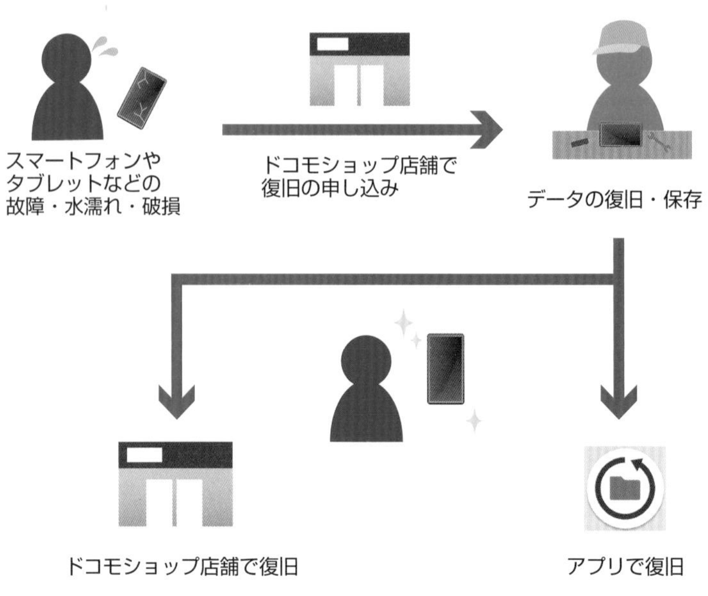

6

データ受け取り専用アプリを利用する

1 事前に「ケータイデータ復旧サービス」アプリをインストールし、復旧データがサーバーにアップロードされているうえで、タップして開きます。

災害用キット
TikTok
Amazon ショッピング
Facebook
Disney DX
ドコモ
Google
Sony
ツール
クックパッド
海外1day開始
あんしんフィルター fo...
ドコモ留守電
ドコモスピードテスト
マイマガジン
dフォトプリント
dTV
dアニメストア
dマガジン
DAZN
dミールキット
dヘルスケア
アプリdトラベル
アプリdデリバリ
dヒッツ
dエンジョイパス
ケータイデータ復旧サ...
タップする

2 規約が表示されます。内容を確認し、チェックボックスをタップしてチェックを付け、<利用開始>をタップします。

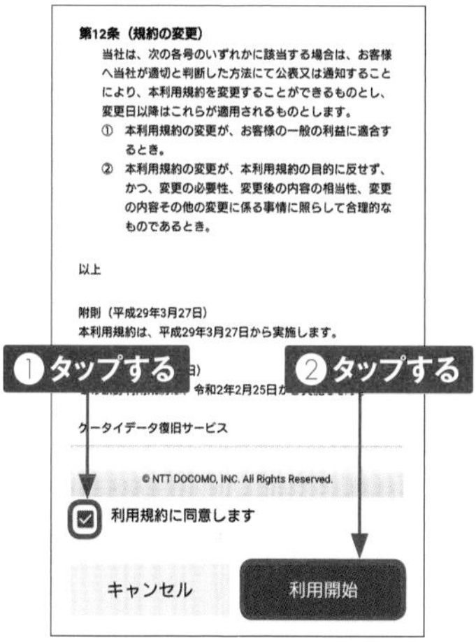

第12条（規約の変更）
当社は、次の各号のいずれかに該当する場合は、お客様へ当社が適切と判断した方法にて公表又は通知することにより、本利用規約を変更することができるものとし、変更日以降はこれらが適用されるものとします。
① 本利用規約の変更が、お客様の一般の利益に適合するとき。
② 本利用規約の変更が、本利用規約の目的に反せず、かつ、変更の必要性、変更後の内容の相当性、変更の内容その他の変更に係る事情に照らして合理的なものであるとき。
以上
附則（平成29年3月27日）
本利用規約は、平成29年3月27日から実施します。
①タップする
②タップする
ケータイデータ復旧サービス
© NTT DOCOMO, INC. All Rights Reserved.
利用規約に同意します
キャンセル
利用開始

3 <ログイン>をタップし、画面の指示に従い進みます。

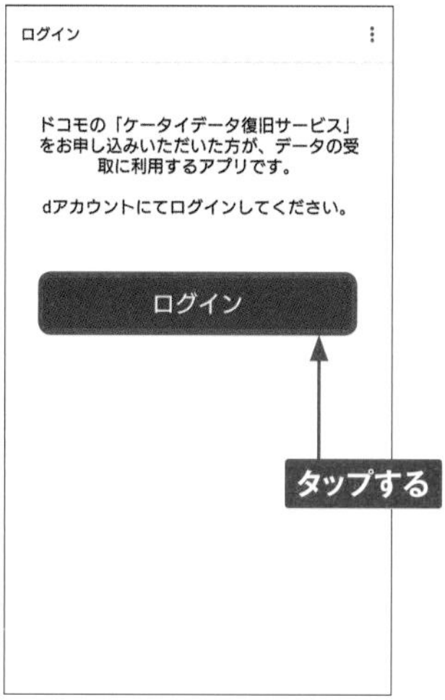

ログイン
ドコモの「ケータイデータ復旧サービス」をお申し込みいただいた方が、データの受取に利用するアプリです。
dアカウントにてログインしてください。
ログイン
タップする

4 サーバーにデータが保存されていない場合は、ログインすることができません。

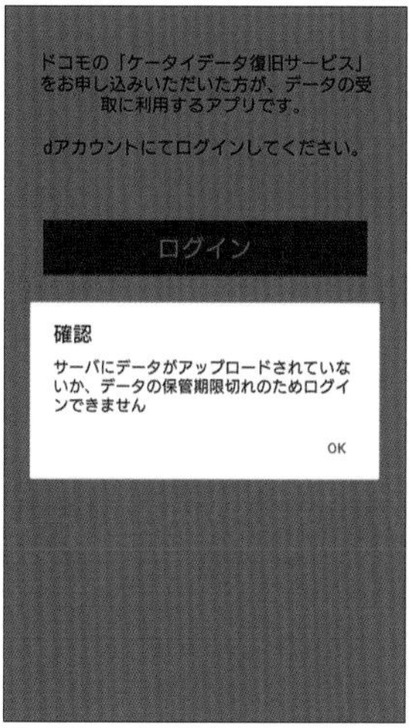

ドコモの「ケータイデータ復旧サービス」をお申し込みいただいた方が、データの受取に利用するアプリです。
dアカウントにてログインしてください。
ログイン
確認
サーバにデータがアップロードされていないか、データの保管期限切れのためログインできません
OK

Section 68 Android iPhone

ドコモサービスを利用して iPhoneとAndroidのデータを移行する

「ドコモデータコピー」を利用すると、電話帳や写真、カレンダーなどのデータをAndroidやiPhoneどうし、AndroidとiPhone間でスピーディーに移行することができます。

6

Androidのデータを iPhoneに移行する

1 アプリ一覧画面で<ドコモ>→<データコピー>の順にタップして開きます（「データコピー」のアイコンが表示されていない場合は、「ドコモバックアップ」アプリをアップデートしてください）。

2 <規約に同意して利用を開始>をタップします。

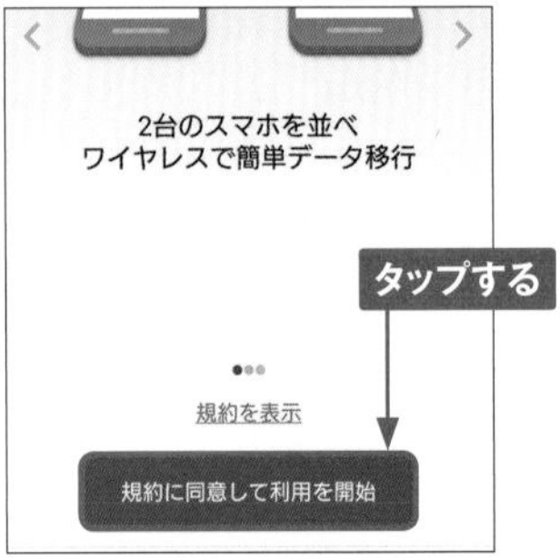

3 <データ移行>をタップします。

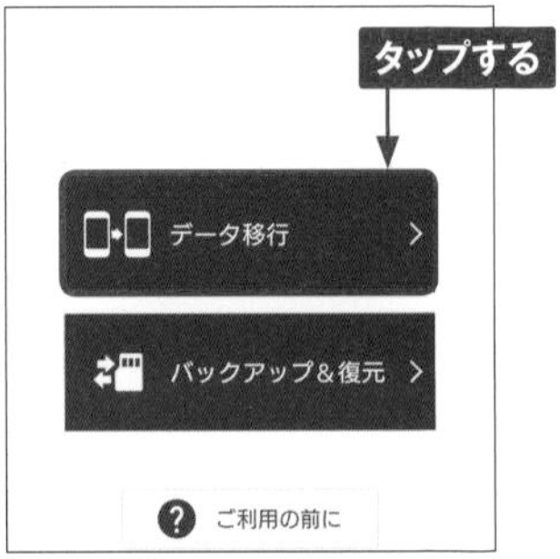

4 <スタート>をタップし、アクセス許可を求められたら<許可>をタップします。

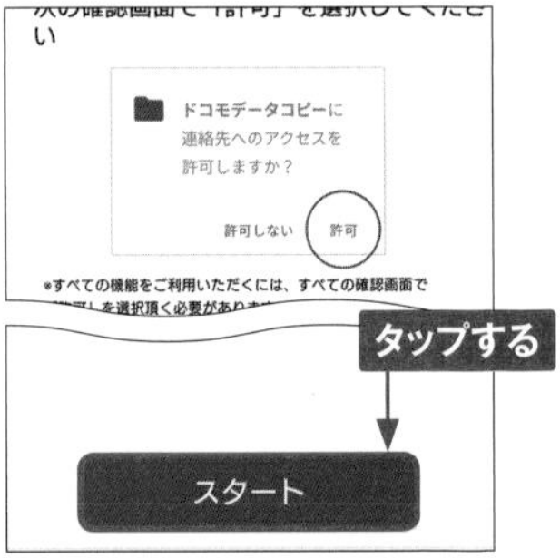

5 ＜はじめる＞をタップします。

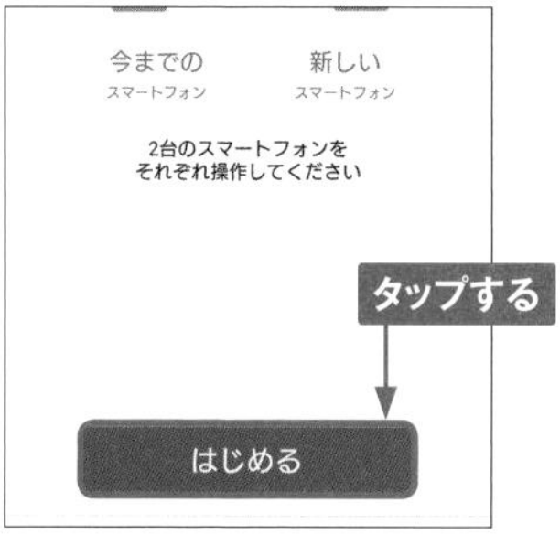

6 iPhoneでP.174手順①～④の操作を行ったあと、＜はじめる＞をタップします。

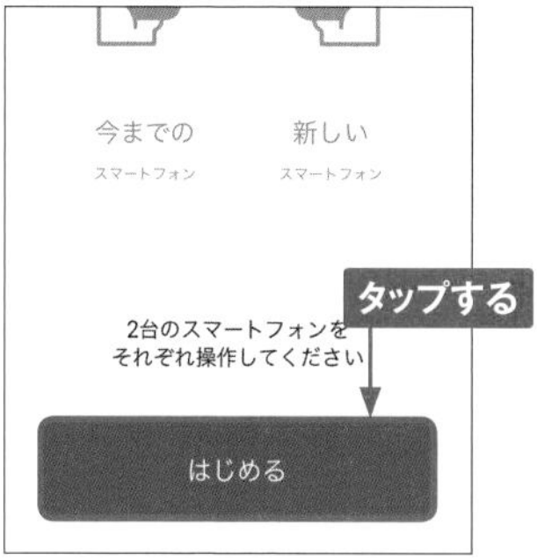

7 Androidで＜今までのスマートフォン＞をタップします。

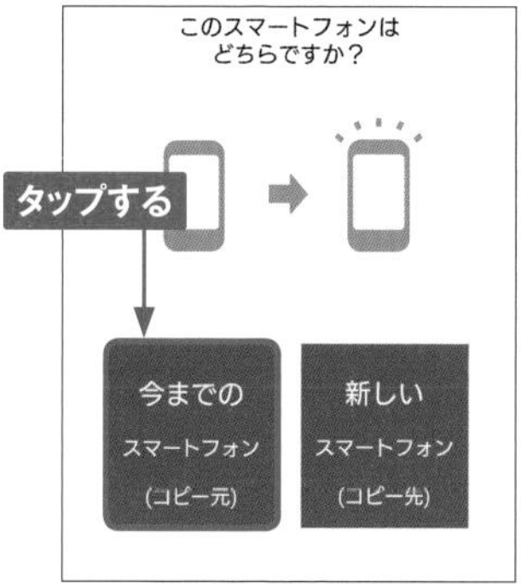

8 iPhoneで＜新しいスマートフォン＞をタップします。

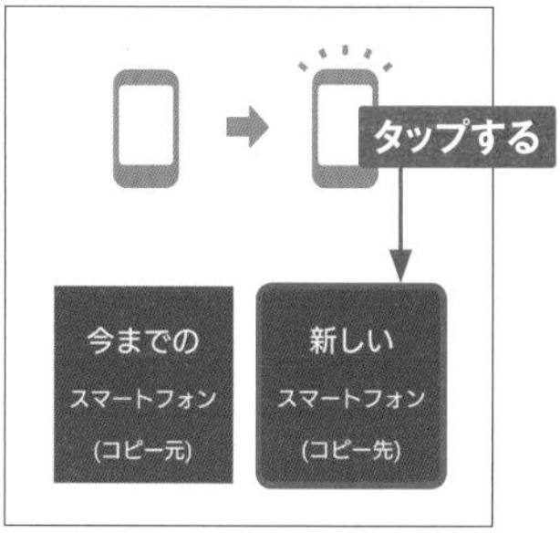

9 Androidで＜iPhone ／ iPad＞をタップします。

10 iPhoneで＜それ以外＞をタップします。

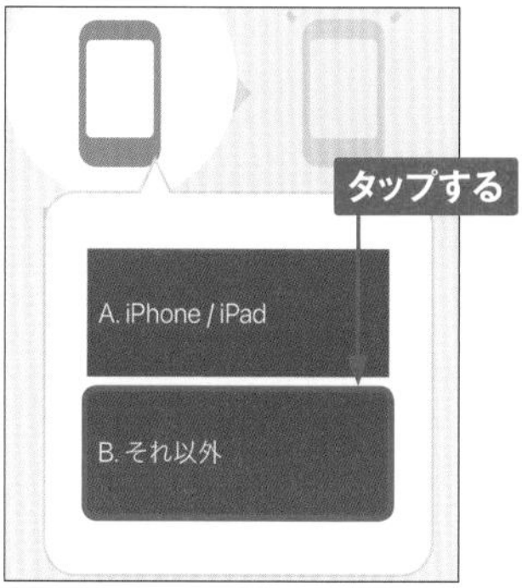

11 Androidにバーコードが表示されます。

← 接続用のQRコード
スマートフォン同士を接続します
新しいスマートフォンで
操作を進めてください

12 iPhoneで<読み取り>をタップします。

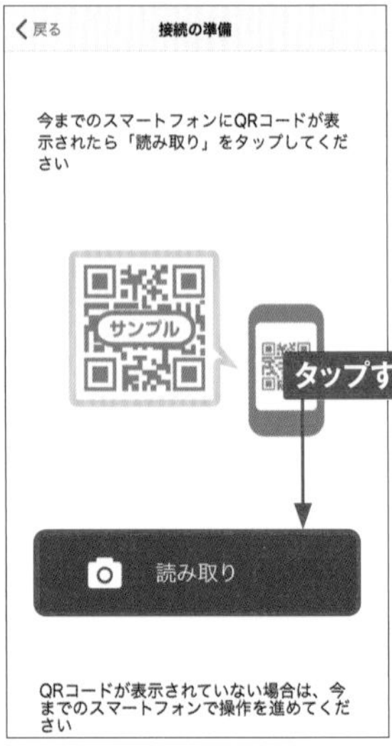
戻る
接続の準備
今までのスマートフォンにQRコードが表示されたら「読み取り」をタップしてください
サンプル
タップする
読み取り
QRコードが表示されていない場合は、今までのスマートフォンで操作を進めてください

13 iPhoneでAndroidに表示されているバーコードを読み取り<接続>をタップします。

タップする
"Data Copy"がWi-Fiネットワーク"DIRECT-vL-Xperia 10 II_f0db"に接続しようとしています。よろしいですか?
キャンセル
接続
枠内にQRコードが入るようにカメラを

14 iPhoneに接続中の画面が表示されます。

戻る
QRコードの読み取り
接続中...

15 接続が完了すると、「今までのスマートフォンで操作を進めてください」と表示されます。

今までのスマートフォンで操作を
進めてください

16 Androidで移行するデータをタップして選択し、<次へ>をタップします。

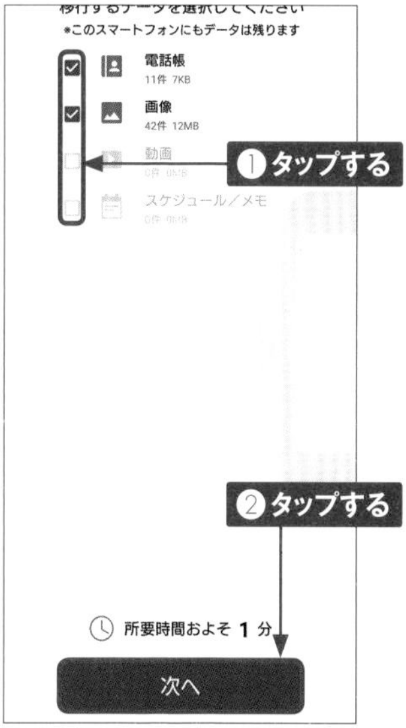

17 Androidで<移行開始>をタップし、画面の指示に従って移行を完了します。

MEMO

対応機能一覧

データ移行やバックアップ・復元が可能な機能一覧です。「データコピー」アプリは最新版を利用してください。なお、機種やOSにより機能名称やアプリ名が異なる場合があります。

機能	データ移行	バックアップ・復元（Androidのみ）
電話帳	○	○
＋メッセージ	○（Androidのみ）	○
スケジュール／メモ	○	○
画像／動画	○	○
音楽	○（Androidのみ）	○
メール	－	○
ブックマーク	－	○
通話履歴	－	○
ユーザー辞書	－	○

データをバックアップ／復元する

① アプリ一覧画面で＜データコピー＞をタップして開き、＜バックアップ&復元＞をタップします。

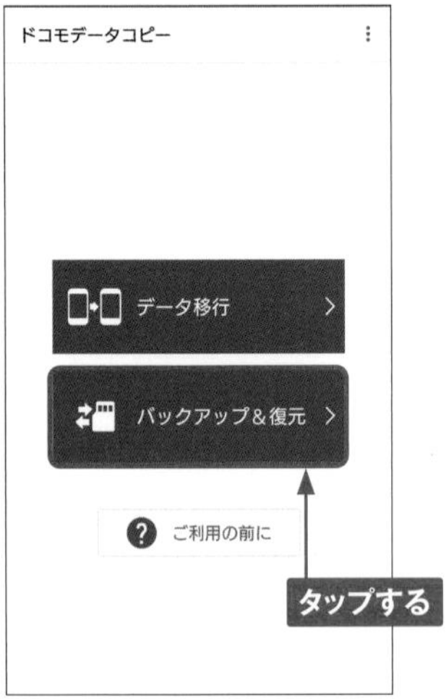

② ここでは、＜バックアップ＞をタップします。

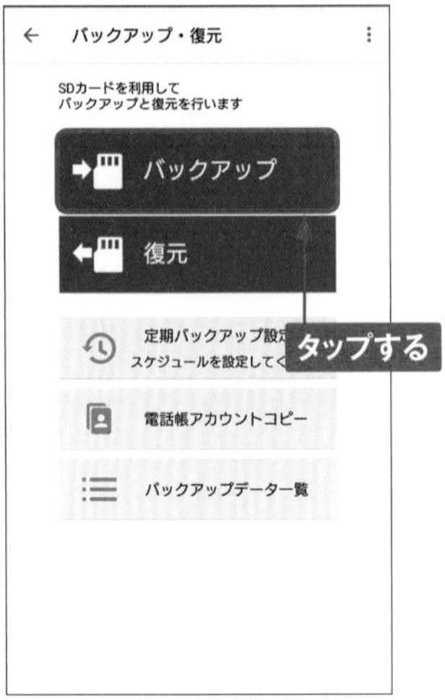

③ バックアップしたい項目のチェックボックスをタップしてチェックを付け、＜バックアップ開始＞をタップします。

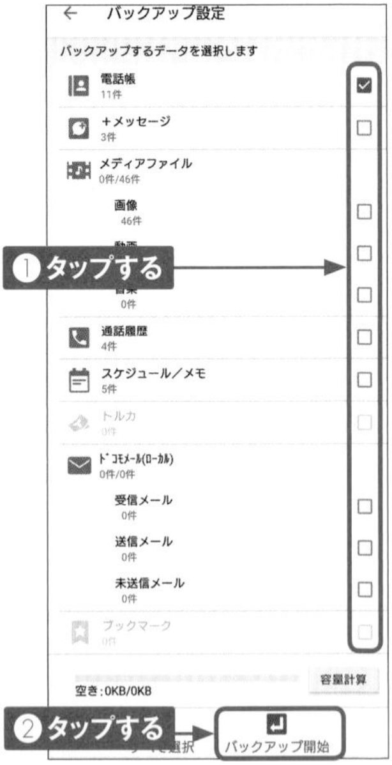

MEMO バックアップ履歴を確認する

バックアップの履歴を確認したい場合は、手順②の画面で、画面右上の ⋮ →＜バックアップ履歴＞の順にタップします。過去のバックアップ実行結果を確認できるほか、バックアップ履歴を削除することができます。

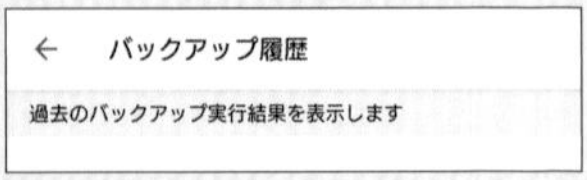

Chapter

7

アプリやサービス利用で知っておきたいスマホの設定

Section 69　標準のアプリを変更する
Section 70　アプリの権限を変更する
Section 71　位置情報の利用を管理する
Section 72　d Wi-Fiを利用する
Section 73　Wi-Fiテザリングを利用する

標準のアプリを変更する

Webページの閲覧を行うブラウザアプリなど、端末に同じ役割の複数のアプリがある場合、いずれかを、常に使用する「標準のアプリ」に設定することができます。

標準のアプリを変更する

1 アプリ一覧画面で<設定>タップします。

2 <アプリと通知>をタップします。

3 <標準のアプリ>をタップします。

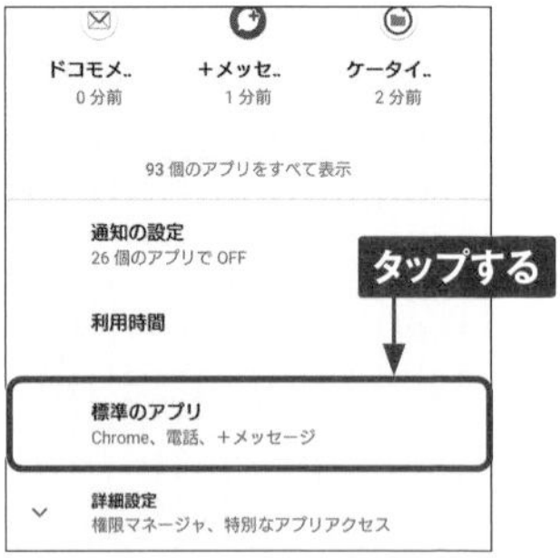

4 標準のアプリを変更したいアプリ（ここでは<ブラウザアプリ>）をタップします。

5 ブラウザアプリの標準は「Chrome」に設定されています。<あんしんフィルター for docomo>をタップします。

6 標準ブラウザが変更されます。

MEMO 「あんしんフィルター for docomo」とは

出会い系サイトなどの有害サイトへのアクセスを制限したり、有害サイトにアクセスしたりすると、制限画面が表示されます。なお、制限画面が表示されても、保護者がカスタマイズ設定を行えば（Sec.62参照）、サイトにアクセスすることができます。アプリを利用し、子どもの学齢（小学生／中学生／高校生／高校生プラス）を設定すると、学齢にあわせた制限レベルが自動で設定される機能もあります。

学齢	制限カテゴリの例
小学生	ゲーム・動画・音楽・懸賞・成人娯楽・SNS・出会いなど
中学生	懸賞・成人着楽・SNS・出会いなど
高校生	SNS・出会いなど
高校生プラス	出会いなど

7

アプリの権限を変更する

アプリには、電話や位置情報、連絡先などにアクセスするさまざまな権限が付与されています。インストールしているアプリで気になる権限があったときは、権限の変更を行うようにしましょう。

アプリの権限を変更する

1 アプリ一覧画面で<設定>をタップします。

2 <アプリと通知>をタップします。

3 <○個のアプリをすべて表示>をタップします。

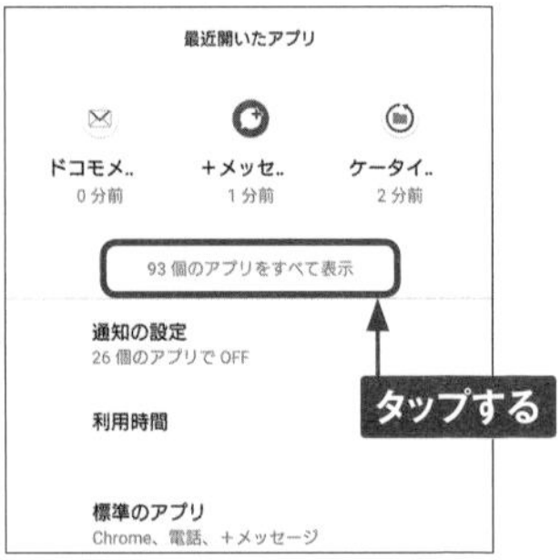

4 権限を変更したいアプリ（ここでは<地図アプリ>）をタップします。

5 ＜許可＞をタップします。

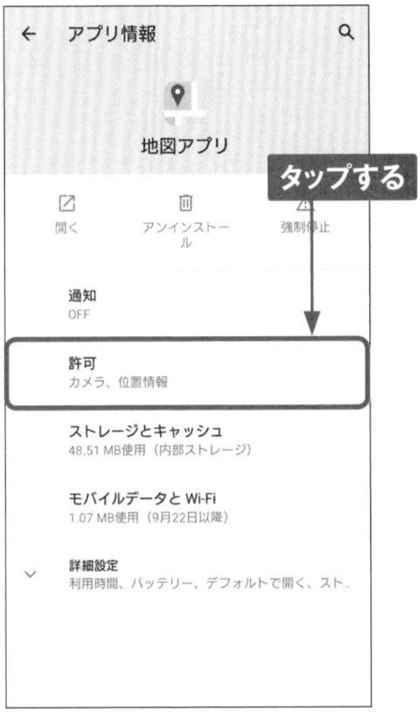

6 「地図アプリ」の場合は、位置情報とカメラにアクセスが許可されています。変更したい権限（ここでは＜カメラ＞）をタップします。

7 ＜許可しない＞をタップします。なお、権限を許可したい場合は、＜許可＞をタップします。

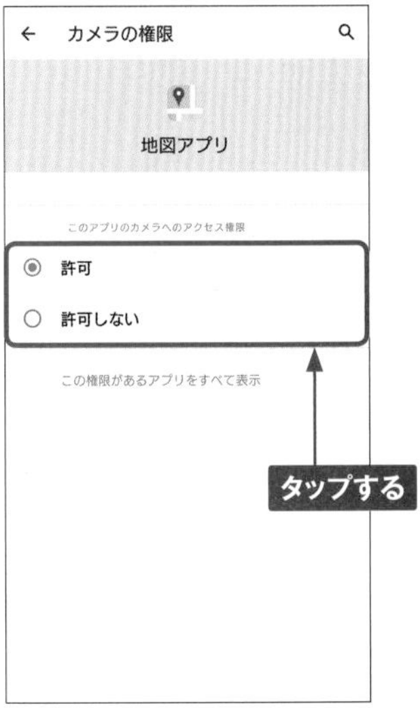

MEMO

権限の種類からアプリを探す

権限からアプリを探したい場合は、P.182手順③の画面で＜権限マネージャ＞をタップします。権限をタップすると、許可されているアプリの一覧が表示されます。なお、この機能は機種によってはありません。

Section 71 Android iPhone

位置情報の利用を管理する

スマートフォンの位置情報をオンにすると、その位置情報に基づいて経路の交通状況の予測、周辺のレストラン、ローカル検索結果などの情報を取得できるようになります。

位置情報をオンにする

① ホーム画面でステータスバーを2本指でドラッグします。

② <位置情報>をタップします。

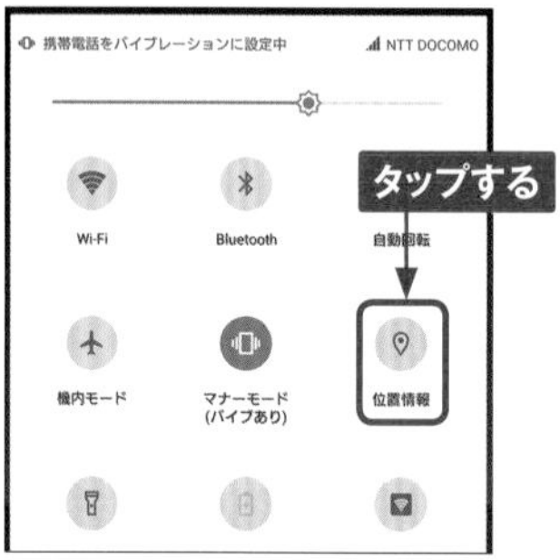

③ <同意する>をタップします。

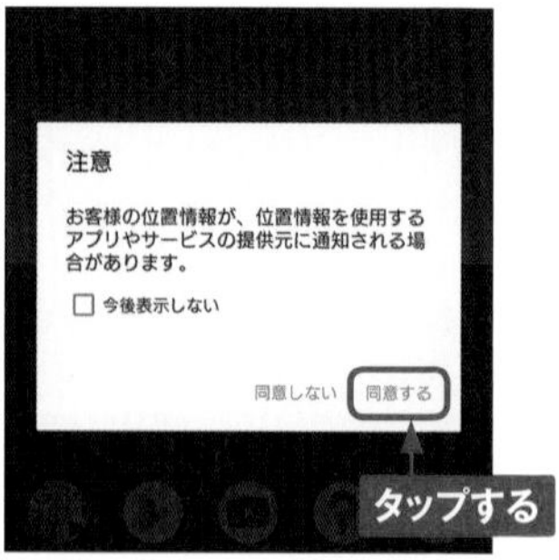

④ ステータスバーに位置情報の「オン」を示すアイコンが表示されます。

位置情報の精度を高める

1 ホーム画面でステータスバーを2本指でドラッグします。

2 <位置情報>を長押しします。

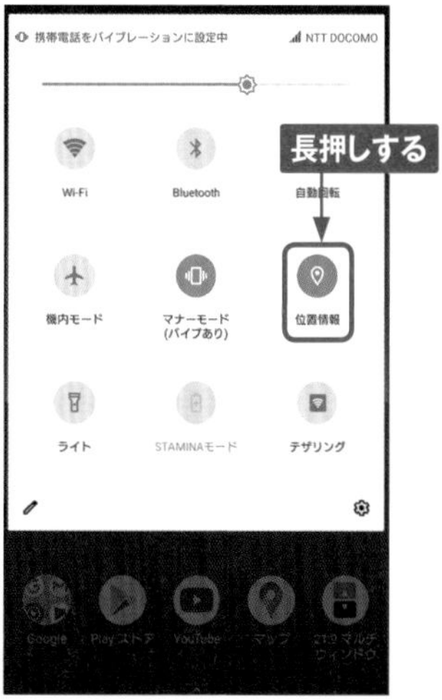

3 <詳細設定>→<Google位置情報の精度>の順にタップします。

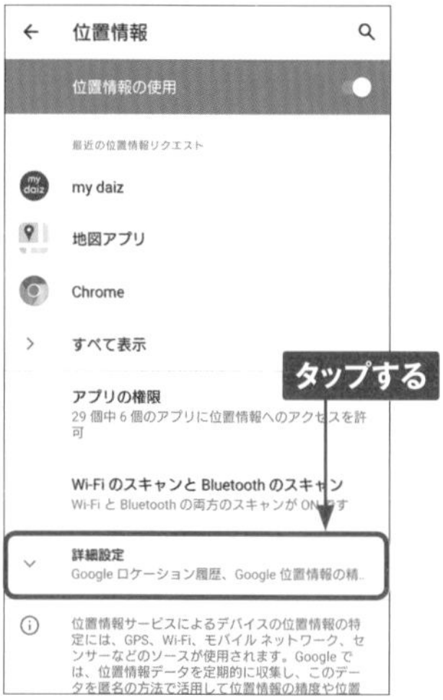

4 <位置情報の精度を改善>をタップします。

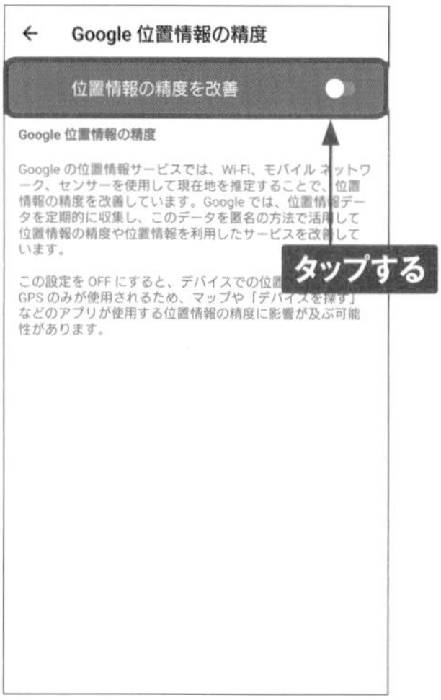

Section 72 Android iPhone

d Wi-Fiを利用する

d Wi-Fiとは、dポイントクラブ会員であれば、だれでも無料で利用できる公衆Wi-Fiサービスです。ドコモの安定した通信で、動画の視聴やダウンロードもスムーズに通信できます。

d Wi-Fiに申し込む

1 アプリ一覧画面で＜My docomo＞をタップして開き、＜その他のお手続きはこちらから＞をタップします。

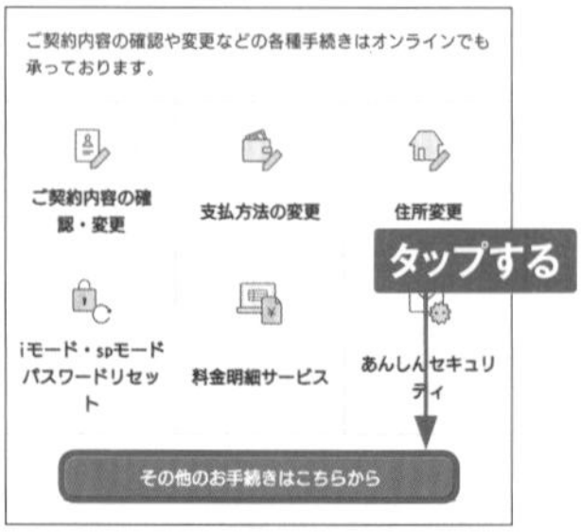

2 画面を上方向にスワイプし、「dodomo Wi-Fi（spモード）」の＜こちら＞をタップします。

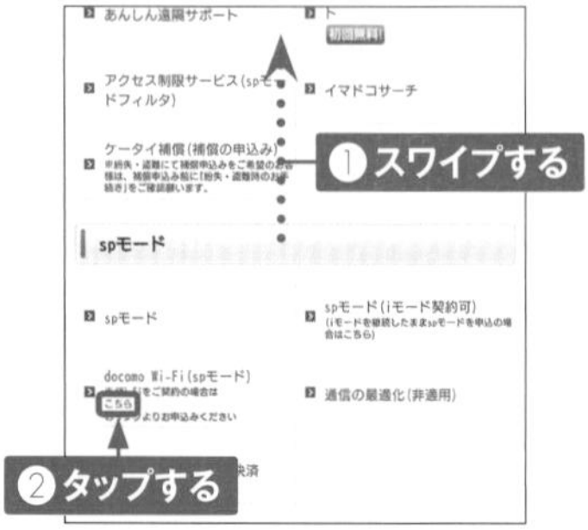

3 「ネットワーク暗証番号」を入力し、＜暗証番号確認＞をタップします。

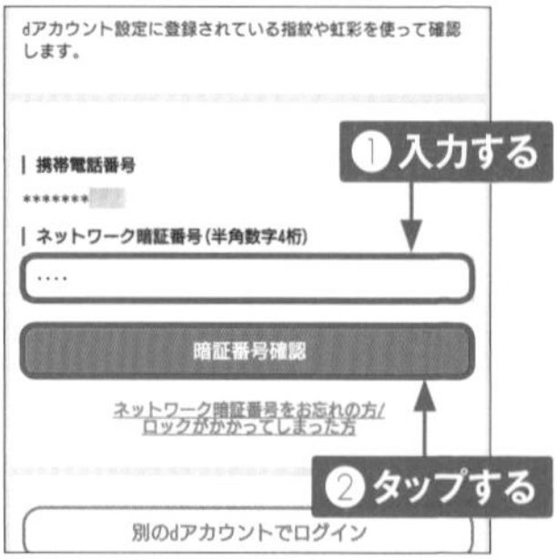

4 注意事項・利用規約の内容を確認し、チェックボックスをタップしてチェックを付け、＜次へ＞→＜手続きを完了する＞の順にタップします。

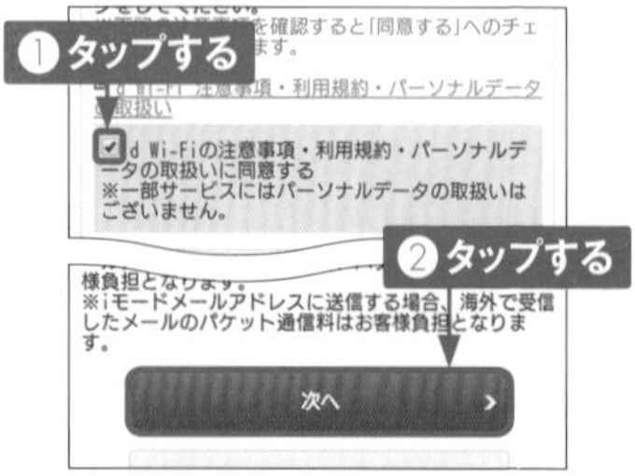

d Wi-Fiに接続する

1 アプリ一覧画面で＜設定＞→＜ネットワークとインターネット＞の順にタップします。

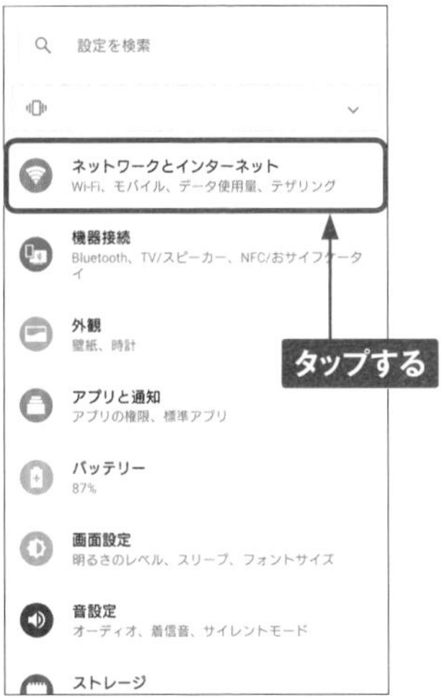

2 ＜Wi-Fi＞→＜Wi-Fiの使用＞の順にタップします。

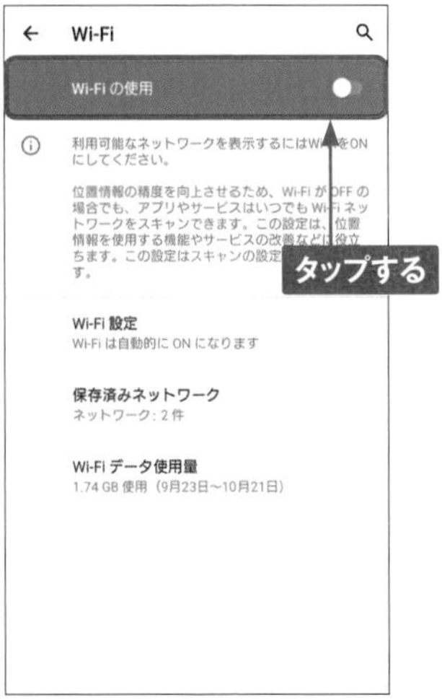

3 SSID「0001docomo」に自動で接続されます。

MEMO

d Wi-Fiを削除する

手順③の画面で⚙をタップし、＜削除＞をタップすると、d Wi-Fiが削除されます。

7

Section 73 Android iPhone

Wi-Fiテザリングを利用する

Wi-Fiテザリングは、モバイルWi-Fiルーターとも呼ばれる機能で、複数のパソコンなどをインターネットにつなげることができます。ここでは、Xperia 10ⅡのSO-41Aを例に解説します。

Wi-Fiテザリングを設定する

1 アプリ一覧画面で＜設定＞をタップし、＜ネットワークとインターネット＞をタップします。

2 ＜テザリング＞をタップします。

3 ＜Wi-Fiテザリング＞→＜Wi-Fiテザリング設定＞の順にタップします。

4 任意のSSIDと任意のパスワードを入力し、＜保存＞をタップします。

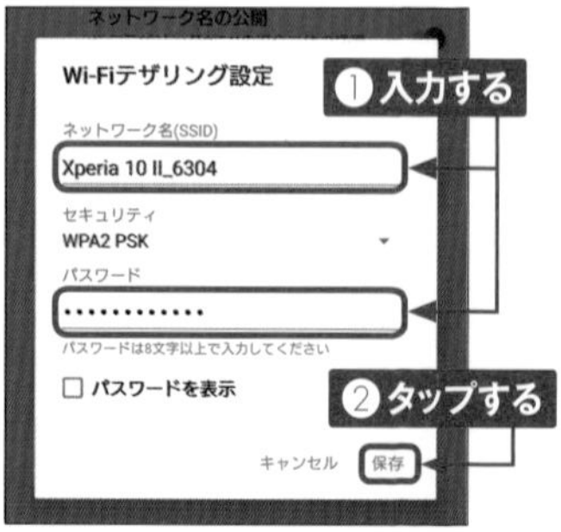

7

5 ＜OFF＞をタップします。

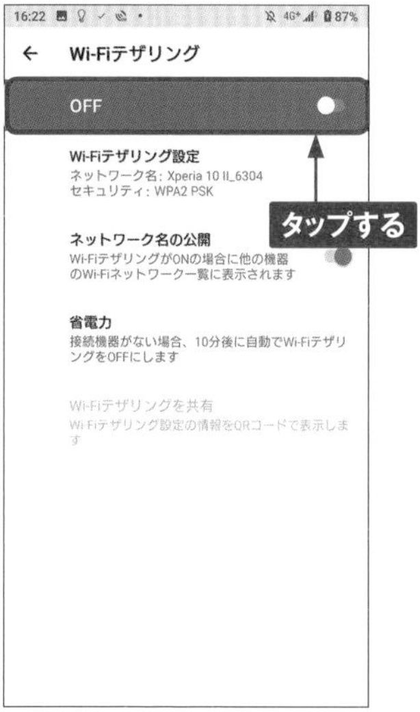

6 ステータスバーに、Wi-Fiテザリング中を示すアイコンが表示されます。

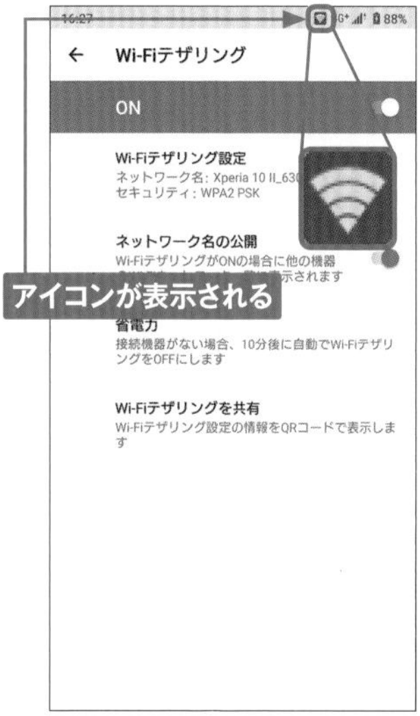

7 Wi-Fiテザリング中は、ほかの機器からXperia 10ⅡのSO-41AのSSIDが表示されます。SSIDをタップして、P.188手順④で設定したパスワードを入力すると利用可能です。

MEMO

iPhoneでWi-Fiテザリングを設定する

ホーム画面で＜設定＞をタップし、＜インターネット共有＞をタップします。「ほかの人の接続を許可」の をタップして に切り替えます。ポップアップが表示された場合は、利用したいテザリング方法をタップします。

索引

記号・アルファベット

2段階認証 …… 10
Apple Pay …… 151
DAZN for docomo …… 116
dTV …… 114
d Wi-Fi …… 8, 186
dアカウント …… 10
dアカウントを取得 …… 14, 16
dアニメストア …… 118
dエンジョイパス …… 160
dカード …… 12, 130
d払い …… 12, 134
d払い（iD） …… 149
d払いにチャージする …… 144
d払いの支払い方法 …… 142
d払いの利用限度額 …… 137
dフォト …… 9, 82
dヘルスケア …… 160
dポイント …… 11
dポイントクラブ …… 13
dポイント充当 …… 135
dポイントスーパー還元プログラム …… 131
dマガジン …… 120
dマーケット …… 8, 108
dミールキット …… 124
dメニュー …… 110
iD …… 130, 148
iD専用カード …… 151
iコンシェル …… 09
iチャネル …… 09
my daiz …… 9, 86
My docomo …… 11
NFC …… 128
QRコード決済 …… 128
spモードパスワード …… 10
spモードフィルタ …… 162
Wi-Fiテザリング …… 188
WORLD WING …… 49
WORLD WING Wi-Fi …… 49

あ行

アクセス制限サービス …… 162
アップデート …… 74, 75
後払い方式 …… 129
アドレスを変更 …… 54
アプリの権限 …… 182
アプリをインストール …… 76
アプリをアンインストール …… 78
アプリを無効化 …… 79
あんしんセキュリティ …… 9, 158
あんしんパック …… 157
あんしんフィルター for docomo …… 181
いちおしパック …… 157
位置情報 …… 184
位置情報の精度 …… 185
イマドコかんたんサーチ …… 92
イマドコサーチ …… 93
うつして翻訳 …… 91
エリアメール …… 164
お客様サポート …… 26
おサイフケータイ …… 151
おまかせロック …… 168

か行

海外での利用 …… 48
海外パケ・ホーダイ …… 49
きせかえテーマ …… 60
キッズオススメ …… 67
キャッシュバックサービス …… 150
キャッシュレスサービス …… 128
キャリア決済 …… 129
緊急アカウントロック …… 10
緊急速報 …… 164
クラウドの機能 …… 34
クラウドの状態 …… 35
クリッピング …… 123
クレジットカード払い …… 135
契約情報 …… 27
ケータイお探しサービス …… 166
ケータイデータ復旧サービス …… 172
ケータイ補償サービス …… 170
権限の種類 …… 183
交換電話機の提供 …… 170
コンテンツサービス …… 106

さ行

災害用キット …… 9
サイレンス決済 …… 150
自動アップデート …… 75
自動振分け …… 58
写真を管理 …… 82
写真をプリント …… 83

受信拒否……67
スケジュール……80
スゴ得コンテンツ……126
ストリーミング……119
即時決済……129

た行

ダウンロード……119
デコメ……63
データ受け取り専用アプリ……173
データ保管BOX……100
データを移行……174
データをバックアップ……178
手続き方法……29
テンプレート……62
電話料金合算払い……135
ドコモ60歳からのスマホプログラム……160
ドコモ海外利用……9, 50
ドコモクラウド……08
ドコモ口座充当……135
ドコモサービスパック……156
ドコモ地図ナビ……9, 96
ドコモデータコピー……09
ドコモ電話帳……34
ドコモのアプリ……74
ドコモ払い……30
ドコモメール……9, 18, 52
ドコモ留守電……39
トライアルキット……124

な・は行

なりすましメール……67
ネットワーク暗証番号……10
パケットパック海外オプション……49
パスワード無効化設定……10
バックアップ……100
バックアップ履歴……178
はなして翻訳……90
非接触型決済……128
必要書類……29
ビデオコール……36
標準のアプリ……180
復元……178
不正アクセス……10
振分けルール……58

ま・や行

マイナポイント……131
マイマガジン……84
マイメニュー……111
前払い方式……129
ムニムニ指数……89
迷惑電話ストップサービス……42
迷惑メールフィルター……64
メッセージR……72
メッセージS……72
メディアプレイヤー……9
メロディコール……46
呼び出し音……46
呼び出し時間……41

ら・わ行

らくらくコミュニティ……160
料金を調べる……24
留守番電話サービス……38
ログイン通知メール……10

お問い合わせについて

本書に関するご質問については、本書に記載されている内容に関するもののみとさせていただきます。本書の内容と関係のないご質問につきましては、一切お答えできませんので、あらかじめご了承ください。また、電話でのご質問は受け付けておりませんので、必ずFAX か書面にて下記までお送りください。
なお、ご質問の際には、必ず以下の項目を明記していただきますようお願いいたします。

1 お名前
2 返信先の住所または FAX 番号
3 書名
（ゼロからはじめる　docomo アプリ・サービス活用ガイド［改訂２版］）
4 本書の該当ページ
5 ご使用のソフトウェアのバージョン
6 ご質問内容

なお、お送りいただいたご質問には、できる限り迅速にお答えできるよう努力いたしておりますが、場合によってはお答えするまでに時間がかかることがあります。また、回答の期日をご指定なさっても、ご希望にお応えできるとは限りません。あらかじめご了承くださいますよう、お願いいたします。ご質問の際に記載いただきました個人情報は、回答後速やかに破棄させていただきます。

■ お問い合わせの例

FAX

1 お名前
技術　太郎

2 返信先の住所または FAX 番号
03-XXXX-XXXX

3 書名
ゼロからはじめる　docomo
アプリ・サービス活用ガイド
［改訂２版］

4 本書の該当ページ
46ページ

5 ご使用のソフトウェアのバージョン
Android 10

6 ご質問内容
手順３の画面が表示されない

お問い合わせ先

〒 162-0846
東京都新宿区市谷左内町 21-13
株式会社技術評論社　書籍編集部
「ゼロからはじめる　docomo アプリ・サービス活用ガイド［改訂２版］」質問係
FAX 番号　03-3513-6167
URL：http://book.gihyo.jp/116/

ゼロからはじめる docomo《ドコモ》アプリ・サービス活用《かつよう》ガイド［改訂《かいてい》２版《はん》］

2021 年 1 月 6 日　初版　第 1 刷発行

著者 …………………… リンクアップ
発行者 ………………… 片岡　巌
発行所 ………………… 株式会社　技術評論社
東京都新宿区市谷左内町 21-13
電話 …………………… 03-3513-6150　販売促進部
03-3513-6160　書籍編集部
編集 …………………… 宮崎　主哉
本文デザイン・DTP …… リンクアップ
製本／印刷 …………… 図書印刷株式会社

定価はカバーに表示してあります。

ISBN978-4-297-11755-9 C3055

Printed in Japan